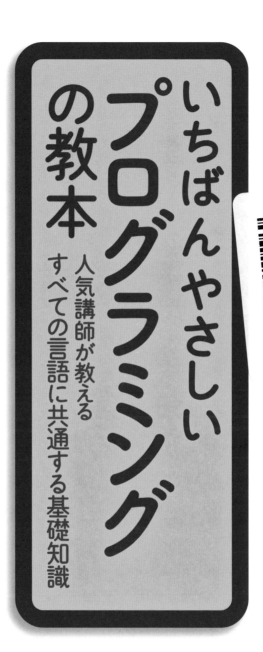

いちばんやさしい
プログラミング
の教本

人気講師が教える
すべての言語に共通する基礎知識

インプレス

著者プロフィール

廣瀬 豪 (ひろせ つよし)

ワールドワイドソフトウェア有限会社 取締役
プログラマー、ゲームクリエイター

早稲田大学理工学部卒業。ナムコと任天堂子会社で働い
た後に独立してゲーム制作会社を設立。業務用ゲーム機、
家庭用ゲームソフト、携帯電話用アプリ、Webアプリな
ど様々なゲームを開発し、また教育機関でプログラミン
グやICTの活用法などを指導している。本業、趣味ともに
C/C++、C#、Java、JavaScript、Python、Scratchなど様々な
言語でソフトウェア開発やアルゴリズム研究を行ってい
る。

主な著書に、『Pythonでつくる ゲーム開発 入門講座』
『Pythonで作って学べるゲームのアルゴリズム入門』『い
ちばんやさしいJava入門教室』(ソーテック社)、『Pythonで
学ぶアルゴリズムの教科書』『野田クリスタルのこんなゲ
ームが作りたい！』(インプレス) などがある。

日本はもはや豊かな国家ではない
世界の流れに乗り遅れないためにも
プログラミングやICTを学ぼう

廣瀬 豪

本書はプログラミングの基礎を学べ、コンピュータやICT（情報通信技術）に明るくなれる本です。

経済がコンピュータ技術を中心に動くようになり、多くのビジネスパーソンがICTを使いこなす力を求められるようになりました。あらゆる仕事にコンピュータが導入され、業務のデジタル化が進み、AIの活用も盛んになる現在、理系や文系、一般職や専門職という枠に関わらず、様々な職業において必要な知識やスキルが変化しています。そのような社会を生きる上で身につけたいものがプログラミングのスキルです。学びたいと考えていたが何から始めてよいかわからなかった方は、本書でプログラミングの第一歩を踏み出しましょう。

ビジネスパーソン、経営者、講師の視点から解説

筆者は大手と中堅のゲームメーカーで10年間働いた後、会社を設立し、本書執筆時点で20年近く経営しています。また大学や専門学校でプログラミングを中心としたコンピュータ技術を指導しています。ビジネスパーソン、経営者、講師としての経験と知識を本書の執筆に活かし、わかりやすい解説を心がけました。

文系の方、プログラミング未経験者、コンピュータは苦手という方にも安心してお読みいただけます。経済とコンピュータについての話なども盛り込みましたので、高度情報化社会で活躍するすべての社会人の方に、ぜひ手にしていただきたい本になっています。

本書の内容について

この本は「プログラミングを学ぶ大切さ」を知り、「プログラミングの基礎知識」を学び、「ハードウェアに関する最低限の知識」を身につけるためのものです。プログラミングの基礎の習得に力を入れながら、ICT、AI（人工知能）、インターネットの仕組みなどについても解説しているので、コンピュータに関する知識を広げることができます。

学習をつまずくことなく行っていただけるように、本書では次の3つの柱となる教材を用意しています。

① 「プログラミングを学ぶ大切さ」を知る（Chapter 1）

プログラミングを学ぶ大切さは、国家レベルのマクロな視点と、個人レベルのミクロな視点で考えるとわかりやすくなります。日本は経済大国として、世界上位に位置すると考える方が多いかもしれませんが、実はそうではありません。日本はこの三十年で世界に後れを取り、先進国の中で比べると物価も賃金も安くなっています。特に IT（情報技術）分野での後れは深刻で、ICT や AI の後進国であると揶揄されることもあります。本書では、はじめに我が国の状況やプログラミングが義務教育化された意味を知り、プログラミングを学ぶ大切さを実感します。

② 「プログラミングとは何か」を理解する（Chapter 2〜3）

プログラムとはコンピュータに処理を命じる指示書です。プログラミングとは、その指示書をプログラミング言語で記述することです。

私たちの生活は、様々な機器や機械と、その中で動くプログラムにより、便利で豊かなものになっています。プログラミングは社会になくてはならない大切な仕事です。本書では実際にプログラミングを行い、それが具体的にどのようなものかを理解します。

③ 「プログラミングの基礎知識」を習得する（Chapter 3〜4）

プログラミングの基礎知識には、変数、条件分岐、繰り返しなどがあります。それらの知識はすべてのプログラミング言語に共通するものです。その大切な知識をゲームを制作しながら楽しく学びます。

さらに Chapter 5 でコンピュータのハードウェアについての知識を総ざらいし、最後の Chapter 6 で次のステップへ進むためのヒントをお伝えします。

▶本書の構成

Chapter 1　プログラミングを学ぶことの大切さ
→プログラミングやICT技術を学ぶ大切さを理解します。

Chapter 2　文系でも絶対に挫折しない最適学習のススメ
→プログラミング学習の本質や全体像を知り、プログラミングを始める準備をします。

Chapter 3　プログラミングの学習をはじめよう
→実際にプログラミングを行って、プログラムがどのように動作するのかを理解していきます。

Chapter 4　プログラミングの基礎知識を身につけよう
→プログラミングの演習を行い、基礎知識への理解を深めていきます。

Chapter 5　コンピュータの仕組みを理解しよう
→知っておくべきハードウェアに関する知識と、インターネットの仕組みを理解します。

Chapter 6　プログラミングの世界を広げよう
→次のステップへ進むためのヒントや、知識と技術を伸ばすヒントをお伝えします。

いちばん やさしい プログラミング の教本

人気講師が教える
すべての言語に共通する
基礎知識

Contents
目次

Chapter 1 プログラミングを学ぶことの大切さ
page 13

Chapter **2** 文系でも絶対に挫折しない
最適学習のススメ page **47**

Chapter 4 プログラミングの基礎知識を身につけよう

page 107

● **購入者限定特典　電子版の無料ダウンロード**

本書の全文の電子版（PDF ファイル）を以下の URL から無料でダウンロードいただけます。

ダウンロード URL：**https://book.impress.co.jp/books/1121101021**

※画面の指示に従って操作してください。

※ダウンロードには、無料の読者会員システム「CLUB Impress」への登録が必要となります。

※本特典の利用は、書籍をご購入いただいた方に限ります。

本書は、2021年11月時点の情報を掲載しています。

本書では Windows 10、macOS Big Sur搭載のパソコンで動作を確認しています。他のOSやブラウザの場合は、お使いの環境と画面解像度が異なることもありますが、基本的には同じ要領で進めることができます。

Scratchは、MITメディア・ラボのライフロング・キンダーガーテン・グループの協力により、Scratch財団が進めているプロジェクトです。https://scratch.mit.edu

本文内の製品名およびサービス名は、一般に各開発メーカーおよびサービス提供元の登録商標または商標です。

なお、本文中にはTMおよび®マークは明記していません。

Chapter

1

プログラミングを
学ぶことの大切さ

読者のみなさんはプログラミングの必要性を感じたからこそ、この本を手にしてくださったと思いますが、ここで筆者とともにプログラミングを学ぶ意味を改めて考えていきましょう。

Lesson

01

[現代人に必須の知識]

プログラミングは
リテラシーという新常識

このレッスンの
ポイント

小中学校の義務教育にプログラミングが取り入れられ、高校の必修科目の中でもプログラミングを学ぶことになりました。現代社会でプログラミングがリテラシーとして求められていることを、一緒に確認していきましょう。

○ プログラミングの必修化

日本では2020年度から義務教育にプログラミングが取り入れられ、小中学校の授業でプログラミング教育が始まりました。2022年度からは高校でも「情報I」という科目の中で、文理問わず誰もがプログラミングを学ぶことになりました。こうして、学校教育でIT（情報技術）への対応が進み、次の世代はすべての子どもたちがプログラミングを学んでから社会に出ていくことになったのです。

▶ プログラミングの必修化 図表01-1

「プログラミングや IT の知識は理系のもの」という常識はもう過去のものです。これからの社会では、誰もが身につけておく一般教養になったといえます

● プログラミングはリテラシー

プログラミングの義務教育化、必修化により、誰もがプログラミングやコンピュータ技術を学ぶ機会を得られるようになったのは素晴らしいことです。ただし欧米諸国に比べ、日本のプログラミング教育は後れをとってきました。中国や韓国も早い段階でプログラミング教育に力を入れ始めたと言われます。日本は諸外国の後を追い、近年やっと教育にプログラミングを取り入れた段階なのです。

プログラミングが義務教育化されたのは、全国民がそれを学ぶべき時代が訪れたからです。読み書きやそろばん（計算）というリテラシーは誰にとっても必要ですが、現代社会ではそれに次いでプログラミングの基礎知識を理解することが重要になったのです。リテラシーについてはLesson 05で詳しく説明します。

● 大学におけるIT教育について

大学教育においてもIT関連の知識を学ばせる動きは盛んになっています。近年、コンピュータの有効活用やIT関連の知識、プログラミングなどを、全生徒が学べる機会を提供する大学が増えています。また1〜2年次の必修課程で、文理を問わず全生徒にデータサイエンスやAIについての知識を学ばせる大学も出てきました。

▶ 学部を問わずICT、AIなどの知識を教える大学 図表01-2

出典：武蔵野大学「大学案内資料（2022年）」より引用

データサイエンスやAIが全学部で必修の大学もあります

👍 ワンポイント　データサイエンスとは

現代社会では世界中の人々が持つコンピュータやスマートフォン、ICカードなどの使用状況から得られる各種の情報、様々なセンサーから入力される観測値などのデータが、日々、蓄積されています。それらはビッグデータと呼ばれ、近年、収集、蓄積される量が飛躍的に増えています。データサイエンスとは、そのようなデータを分析し、そこから得られる知見を様々な分野で生かすことを目指す活動や学問を意味します。

● 10年後、20年後には当たり前の知識に

これまで、理系の知識と捉えられていたプログラミングを誰もが学ぶようになります。今はまだ文系理系の区別が根強く残っており、「プログラミングなんて」と考える方もいらっしゃるでしょうが、近い将来、そのような考えを持つ方はほとんどいなくなるのではないかと筆者は考えています。

個々人で得意不得意はあるでしょうが、次の世代は誰もがプログラミングの知識を学び、身につけるようになります。そして、いずれその世代が社会を担うことになります。その時、私たちの社会には何かしらの変化があるのでしょうか？

次のLesson 02～04で日本の未来について考えねばならない情報をお伝えします。IT分野における我が国の現状を知り、これから社会はどう変わるのかを考えることで、プログラミングを学ぶ意味が明確になります。

● 今の社会人にだって必要な知識

このレッスンでは小中学校、高校、大学の教育について触れましたが、プログラミングやIT関連の技術を身につける必要があるのは若い世代だけではありません。社会に出ている方たちも、それらの知識をしっかり身につけるべきです。その理由は、この先のレッスンを読み進めていただくと明らかになります。

次は経済における ITの重要性について見ていきます

🔖 ワンポイント　IT、ICT、IoTとは

ITは Information Technology（情報技術）の略で、コンピュータ機器とソフトウェアを合わせた技術全般を意味する言葉です。

ICTという言葉も知っておきましょう。ICT は Information and Communication Technology（情報通信技術）の略で、ウェブサイト閲覧やネット検索などの情報収集、メールやSNSなどの交流手段、そしてそれらのサービスを実現するネットワークのシステム、パソコンやスマートフォンなどの機器全般を意味する言葉です。

IoTという言葉も使われるようになりました。IoTはInternet of Things（モノのインターネット）の略です。IoTは様々な物がインターネットに接続され、情報をやり取りすることを意味します。例えば、家電などの私たちが使う機器をネットにつなぎ、離れた場所から状態を確認したり、操作する仕組みを意味します（Lesson 36で解説）。

Lesson 02 [社会]

世界を席巻するIT企業と日本が出遅れている理由

このレッスンの
ポイント

> このレッスンでは2021年度の世界企業の時価総額トップ10を確認します。その数字について考えると、日本国民がプログラミングを学ぶことは、国家として必要なことであると理解できます。

○ 世界企業の時価総額

図表02-1 からわかるように、2021年の時点で、世界のIT産業を支えるナンバー1国家はアメリカ合衆国です。

これらの上位10社のうち、太字で示した7社がコンピュータやIT関連の企業なので、21世紀はコンピュータを用いたビジネスを行う企業が世界経済をリードしているといっても言い過ぎではないでしょう。それら7社のうち5社がアメリカ企業であり、中国と台湾の企業が1社ずつ入っています。残念ながら日本企業は入っていません。

▶ 世界企業の時価総額ランキング上位10社 図表02-1

順位	企業名	国名	主な産業	時価総額
1	**アップル**	アメリカ	電気機器	245.8兆円
2	**マイクロソフト**	アメリカ	情報・通信	219.8兆円
3	サウジアラムコ	サウジアラビア	石油・ガス	207.0兆円
4	**アマゾン・ドット・コム**	アメリカ	小売	194.3兆円
5	**アルファベット（グーグル）**	アメリカ	コングロマリット	183.5兆円
6	**フェイスブック**	アメリカ	インターネット	105.7兆円
7	**テンセント**	中国	コングロマリット	78.3兆円
8	バークシャー・ハサウェイ	アメリカ	保険	69.8兆円
9	テスラ	アメリカ	輸送用機器	66.0兆円
10	**TSMC**	台湾	電気機器	65.1兆円

出典：Wikipediaより引用し、1ドル110円換算の額で表記（2021年6月時点）

> 企業の時価総額とは、その会社の株価に発行済み株式数を掛けた値で、会社規模を判断したり、企業価値を正当に評価するために用いる数値です

◯ 日本企業の時価総額

では、同時期の日本企業の時価総額はどれくらいになるのでしょうか。図表02-2は日本企業上位5社の時価総額です。

図表02-1と比べてみましょう。世界で1位のアップルは約246兆円、トヨタ自動車は約32兆円です。アメリカのコンピュータ・IT企業の時価総額は、我が国のトップ企業より、文字通り"けた違い"に大きいことがわかります。このことは、たびたびニュースになっており、例えば日本経済新聞の2020年5月8日の記事に、「株式市場で巨大IT（情報技術）に資金が集中している。米マイクロソフトや米アップルなど時価総額上位5社の合計が、東証1部約2170社の合計を上回った」とありました（図表02-3）。東証1部の合計額、約550兆円に対し、グーグル、アマゾン、フェイスブック[※1]、アップル、マイクロソフトの合計時価総額は約560兆円（5兆3000億ドル）に達したそうです。

▶ 日本の大企業の時価総額 図表02-2

企業名	主な産業	時価総額
トヨタ自動車	輸送用機器	32.0兆円
キーエンス	電気機器	13.9兆円
ソニー	電気機器	13.4兆円
ソフトバンクグループ	情報・通信	13.2兆円
日本電信電話（NTT）	情報・通信	11.2兆円

出典：Wikipediaより引用（2021年6月時点）

▶ 「GAFAMの時価総額、東証1部超え」のニュース 図表02-3

出典：日本経済新聞「GAFA＋Microsoftの時価総額、東証1部超え　560兆円に」（2020年5月8日）

※1：2021年10月、フェイスブックはMeta（メタ）に社名を変更しました

○ 米国GAFAMと中国、台湾、韓国企業の台頭

アメリカの巨大IT企業は、グーグル、アマゾン、フェイスブック、アップルの頭文字をとってGAFAと呼ばれます。そこにマイクロソフトのMを加え、GAFAMやGAFA+Mと表現します。

時価総額だけを比較すれば、日本の名だたる企業2000社以上が束になっても、GAFAMという5社のIT企業に負けたわけです。筆者はこの記事を読んだ時、アニメや映画にあるような、多数の兵士が総力をあげて戦いを挑んでも、5人の超人に歯が立たないシーンを思い浮かべました。それは経済の専門家でない筆者が抱いた単なる空想でしょうか?

いえ、そうではないはずです。企業の時価総額とは企業価値を正当に判断するために用いられる数字です。実際にGAFAMは世界中の人々の生活を変え、各国の経済に大きな影響を及ぼしています。

今では中国のIT企業も大きな存在感を見せています。テンセントの時価総額はトヨタ自動車を大きく上回っています。

台湾のIT産業も急速な成長を遂げました。台湾の半導体製造を行う企業TSMC(台湾積体電路製造)は、その分野の世界最大手で、時価総額が世界の上位10社に入るなど、日本企業を大きく引き離しています。

また韓国のIT産業も成長を続けており、2021年現在で韓国サムスン電子の時価総額はトヨタ自動車の約2倍あります。IT産業をリードするのはアメリカ合衆国ですが、アジアでも躍進目覚ましい企業が増えています。特に、アジア圏では中国が急速な勢いで米国を追い上げていることも、忘れてはならないでしょう。

図表02-1にある「コングロマリット」とは、買収、合併により、母体となる企業の業種と関係ない様々な事業を手に入れ、多角経営する巨大企業を指す言葉です。例えば、アルファベット(グーグル)とテンセントはIT事業を核としながら、多様なビジネスを行っています

NEXT PAGE →

◯ 技術大国であるはずの日本が遅れた理由

日本のソニーは世界中の国々にゲーム機という娯楽家電を提供し、ソフトバンクグループは各国のベンチャー企業に行っている積極的な投資が成功するなど、IT産業で世界に名を知られる日本企業もあります。しかしこれまでのところ、GAFAMなどの巨大IT企業と戦える新興の法人は日本から登場していません。

実は20世紀後半、多くの日本企業が世界の時価総額ランキングの上位を占めていた時代がありました。しかし、わずか30年で日本は世界の中で置いてけぼりになったのです。技術大国であるはずの私た

ちの国は、なぜそのような状況にあるのでしょうか。

他の先進国より日本のIT化が遅れたことに関する様々な研究や報告が既に行われています。その中から日本のIT化が遅れた理由の1つを取り上げます。 図表02-4 は一般社団法人 電子情報技術産業協会（JEITA）が2013年に行った調査結果です。日本216社、米国194社にアンケートを実施したところ、「IT／情報システム投資」に対する姿勢で、米国では「きわめて重要」が75%に達する一方、日本は16%に留まったとあります。

▶ IT／情報システム投資に対する意識の違い　図表02-4

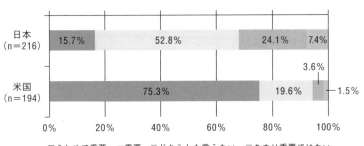

電子情報技術産業協会「ITを活用した経営に対する日米企業の相違分析」（2013年）より引用して作図

スマートフォンが普及しはじめた時代にもかかわらず、日本のIT／情報システム投資に対する意識は、まだそんなに高いものではなかったのです

● 調査結果からわかること

この調査が行われた2013年は、パソコンは既に1人1台の時代であり、スマートフォンが急速に普及していく時期でした。アンケートは経営者およびIT部門以外のマネージャー職以上を対象に行ったもので、日本企業の重要ポストに就く人たちが、世界中でIT化の波がうねりをあげる中、その重要性をあまり考えていなかったことを示しています。日本のIT化が遅れた大きな理由の1つは、そこにあるといえるでしょう。

またプログラミングの義務教育化の遅れに見られるように、次の世代がコンピュータ技術を学ぶ仕組みを、国がなかなか整えなかったことにも原因があるはずです。コンピュータやインターネットが急速に普及する中で、迅速に動かなかった政府にも責任があるでしょう。

● これ以上遅れることはできない

21世紀は様々な機器や機械が電子回路とプログラムで制御され、世界がインターネットで結ばれた時代です。IT産業は今後さらに成長し、GAFAMや中国、台湾、韓国の巨大企業の力は国境を越え、各国の経済に益々影響を与えることでしょう。このまま遅れ続けたら日本は経済力を失います。平たく言えば我が国は世界の中で貧乏になり、私たち1人1人も貧しくなるのです。また国家としての経済力を失えば、国際社会における日本の立場が弱くなることは明白です。先進国の一員として、日本は、うかうかしてはいられない状況にあるのです。

これは国家レベルの話だけではありません。コンピュータが社会の隅々に入り込んだ時代に、それに関する知識が乏しければ、個人においても多くのチャンスを失います。誰もがコンピュータに関する知識を身につけ、それを使いこなすべき時が訪れたのです。プログラミングを学ぶ個人としての大切さは Lesson 05 からお伝えします

Lesson ［社会］

03 インターネットが世界を覆い 社会を大きく変化させた

このレッスンの ポイント

このレッスンではインターネットの普及と、それが及ぼした影響について考えます。インターネットが社会の仕組みを変えたこと、その技術を支えているのがコンピュータ機器とプログラムの力であることを改めて理解しましょう。

◯ インターネットを実現したコンピュータ機器とプログラム

20世紀の終わりからインターネットが普及し、パソコンはネットワークに接続して使うものになりました。また21世紀になるとスマートフォンが普及し、誰もがあらゆる情報を引き出すことができ、様々なネットワークサービスを利用できる端末を持つようになりました。

インターネットは仕事をする上でも日常生活においても、なくてはならないものになっています。そして、インターネットを実現し、社会に浸透させたのが、コンピュータ機器とプログラムの発展です。今では多くのビジネスパーソンが、ネットワークにつながったパソコンやスマートフォンを使って仕事をしています。改めてそのことについて考えると、理系の方だけでなく文系の方もプログラミングを学ぶことが大切であると理解できます。

▶ **インターネットを支えるもの** 図表03-1

コンピュータ機器とプログラムの発展がなければ、インターネットは実現しなかったといえるでしょう

● 急速に普及した情報通信技術

図表03-2は総務省の調査による国内のインターネットの普及率です。1990年代の終わりから10年足らずで普及が進んだことがわかります。また、図表03-3は内閣府のウェブサイトから引用した、アメリカにおけるインターネットの普及率です。

2つの図を見比べると、初期の段階では、日本はアメリカより普及が遅れていたことがわかります。しかし今世紀初頭には、日本におけるインターネットの普及はアメリカに追いついています。

▶ 日本のインターネット普及率 図表03-2

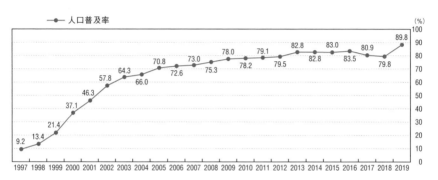

出典：総務省「平成23年版 情報通信白書：インターネットの利用状況」(2011年)、「令和2年版 情報通信白書：インターネットの利用状況」(2020年) を参考に作図

▶ アメリカのインターネット普及率 図表03-3

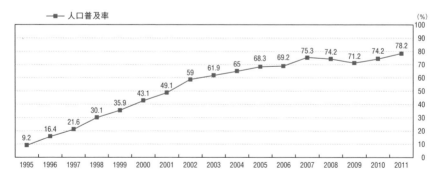

出典：内閣府『インターネット上のレイティング・ゾーニングに関する青少年のインターネット環境整備状況等調査報告書』(2013年) を参考に作図

NEXT PAGE →

● インターネットの普及とGAFAMの成長

次に、Lesson 02で触れたGAFAMが創業された年を見てみましょう。1970年代に設立されたマイクロソフトとアップルは、世界にパーソナルコンピュータを普及させました。マイクロソフトは1990年代半ばに発売したWindows 95というOSに、一般の人たちがインターネットに接続しやすい仕組みを搭載し、普及を後押ししました。そしてアマゾン、グーグル、フェ イスブックがインターネットを用いた新たなサービスを生み出し、世界に普及させたのです。それら3社はインターネットの普及とともに大きく成長した企業です。日本にもソニーやソフトバンクのように世界を相手に戦える企業が存在します。また楽天（1997年創業）のようにインターネットの普及と共に大きく成長した企業もあります。

▶ GAFAMの創業年 図表03-4

西暦	社名
1975	マイクロソフト
1976	アップル
1994	アマゾン
1998	グーグル
2004	フェイスブック

1990年代半ば
インターネットに接続しやすい
OSとコンピュータの普及

2000年代以降
インターネットを用いたサービスの普及

● 社会の仕組みが変化した

インターネットの普及で、私たちの生活で変化したものが、いくつもあります。まずパソコンやスマートフォンから、様々な情報を引き出せるようになりました。あらゆるジャンルの情報が詰まった優秀な最新の百科事典を、誰もが手に入れたといえます。中には誤った情報もありますが、何かを調べる時、複数のサイトを比較するなどして正しい情報を集めれば、数多くの知識をいつでも手に入れることができるようになったのです。

インターネットの普及は、娯楽にも大きな影響を与え、映画、アニメ、音楽、漫画、コンピュータゲームなどを、いつでもどこでも楽しめるようになりました。また 何かを学ぶ仕組みにも新たな選択肢が加わりました。学生である筆者の娘は各教科で理解できない項目が出ると、その部分を解説するオンライン授業を見て理解します。月額制の教育サービスを利用する一方、教育系ユーチューバーが配信する無料動画を見ることもあります。

物品を購入する手段にネット通販という選択肢が加わったことも重要です。ネットで注文した商品は短期間で届くようになり、その物流量は増加の一途を辿っています。そのほか、電子マネーが普及し、現金を持つ機会が減った方もいらっしゃるでしょう。電子マネーの普及もインターネットが促したものです。

▶ インターネットによって変化した生活 図表03-5

仕事や勉強だけでなく、映画や音楽、マンガやゲーム、ネット通販など、生活のあらゆる場面がインターネットにより変化しました

○ 企業活動や働き方も変化した

インターネットが個人に及ぼした影響を挙げましたが、企業に及ぼした影響は計り知れないものがあります。ビジネスでは電子メールのやりとりはもちろん、各種のソーシャル・ネットワーキング・サービス（SNS）や情報共有サービスが活用されるようになり、多くの企業がネットを介して様々な情報やデータをやりと

りしています。また、それらの情報やデータから、新たなサービスが企業の側から生み出され続けています。

働き方を根本から変えたリモートワークの普及もインターネットの影響の1つです。それらの仕組みなしには、多くの会社で経営が立ち行かなくなるといってもおかしくはないでしょう。

個人も企業も、インターネットから有益な情報を手に入れ、ネット上のサービスを活用すべき時代になったのです

● すべてを実現しているのがコンピュータ技術

コンピュータ関連の技術は、電子回路などのハードウェアの進歩と、プログラムというソフトウェアの進歩により、日々、発展を遂げています。インターネットは、その技術発展の過程で登場したものです。ネットワークによるデータの送受信はハードウェアだけで行われているのではありません。すべてのコンピュータ機器は、プログラム言語を記述して作られたソフトウェアで制御されており、それはインターネットにも当てはまります。

プログラミングを学ぶことは、コンピュータの世界をソフトとハードという両面で理解する手掛かりになります。プログラミングを学ぶことで、世界のインフラとなったインターネットの仕組みにも明るくなるでしょう。

● コンピュータに関する多くの知識を身につけよう

さて、ここで「コンピュータやインターネットの仕組みは難しそうだから知らなくてもいい、使い方さえわかればよい」とお考えになる方がいらっしゃるかもしれません。そう思われる方は、周りにいる人たちの多くがコンピュータの知識に乏しい企業を想像してみましょう。使っているソフトウェアやコンピュータ機器にトラブルが発生した時、その対応に手間取ることを繰り返していたら……そのような企業が成功するとは思えませんよね。

パソコンや周辺機器というハードウェアと、その中で動いている様々なソフトウェアがなければ仕事ができないのが現代社会です。やはりビジネスパーソンは、コンピュータのソフト、ハードともに、なるべく多くの知識を身につけたほうがよいという考えにいきつくのではないでしょうか。

👍 ワンポイント　技術が悪用される危険性も理解したい

生活を変えるコンピュータ技術の一例としてICタグがあります。ICタグは電波を受けて働く小型の電子装置で、技術進歩とともに紙のように薄いものが低コストで作れるようになりました。ICタグの付いた商品を買い物かごに入れ、レジの台に置くと、すべての商品が瞬時に認識され、合計金額が計算されるセルフレジ（無人レジ）のシステムが実用化されました。ICタグは生活を便利にする技術ですが、消費者が気づかないうちに個人情報を読み取られたり、消費者の行動を追跡されるおそれがあるといわれます。

技術は世の中を便利にする一方、悪用されるおそれもあるのです。プログラミングを学ぶことでコンピュータ全般に関する知識が増え、技術の中には危険性を伴うものがあることを理解できるようになるでしょう。その知識は、これからの社会を生きていく上で必要なものになることは間違いありません。

04 AIというプログラムの進化が社会の変化を加速させた

このレッスンの
ポイント

このレッスンでは、AIがどのようなものかを、**実例や歴史的背景から説明します**。また、AIの発達と普及に伴い、経済や社会の仕組みがさらに変化を遂げていることも、あわせて紹介し、AIについて学ぶ意義を説明します。

○ AIとは

AIとはArtificial Intelligenceの略で、日本語で「人工知能」を意味する言葉です。1950年代にアメリカの科学者ジョン・マッカーシーが命名した用語で、元々はコンピュータを用いて行う知的な処理の研究分野を意味します。現在、コンピュータの世界でAIは、問題解決などを行うプログラムのことを指します。

生活に身近な例として、AIは低レベルなものから高レベルなものまで、様々なものが実用化されています（図表04-1）。この図ではエアコン、炊飯器、自動掃除機などのAI家電、カメラに写ったものが何かを認識するアプリ、囲碁や将棋などの思考ルーチン、音声での受け答えをするロボット、自動運転の車を挙げています。

▶ AIの例 図表04-1

エアコン

パソコン

自動運転車

炊飯器

自動掃除機

スマートフォン

ロボット

高レベルのAI

○ 実用化されているAI

エアコンは室温や湿度を快適に保つ仕組みに初歩的なAIが用いられ、炊飯器はお米を美味しく炊いたり、炊き方を学習して各家庭に合う炊き加減に仕上げる仕組みなどにAIが用いられています。車の自動運転は、本書執筆時点では一定の条件下でのみ自動運転が可能で、発展途上にありますが、いずれ道路の状態や状況を正確に判断し、多くの操作をコンピュータに任せられると言われます。

これらは、目に見える製品という形でAIが搭載されていますが、AIは様々なサービスにも組み込まれています。例えば電子メールで迷惑メールを受信させないスパムフィルターという仕組み、検索エンジンで精度の高い検索結果を出す仕組み、言語の翻訳を自然な言葉で表現する仕組みなどにもAIが用いられています。

これからの社会は、AIによりさらに変化すると言われます。AIについて知ると、プログラミングやコンピュータの仕組みを学ぶことが大切であると、いっそう思えるはずです。そこでもう少し詳しくAIについて説明します。

○ 人工知能ブームについて

日本で「人工知能ブーム」呼ばれているAIが世界的に流行した時期は、これまで3回あったとされています。

第一次ブームは1950年代から1960年代にかけて起きました。一般家庭にコンピュータが普及していないその時代、それは主に研究者の間でのブームでした。当時のAIは迷路を解く手法のような単純な処理は実現できましたが、私たちが生活する上で直面するような複数の要因が絡む問題を解くことは不可能とわかり、ブームは終息したと言われています。

第二次ブームは家庭にパソコンが普及していった1980年代に起きました。コンピュータがハードウェア、ソフトウェアともに進歩し、いろいろな分野で実用可能なAIが開発されたのです。企業が製品やサービスに生かすなどし、電機、金融、医療、娯楽などの分野で一定の成果を示しつつ、技術の限界が訪れブームは終息しました。

そして現在、第三次ブームが進行中です。このブームはさらなるハードウェアの高性能化とソフトウェアの進歩、そしてインターネットを通し大量のデータを入手しやすくなったことにより、2010年代に始まりました（2000年代後半から始まったと考える方もいます）。

第三次ブームでは「機械学習」と呼ばれる手法が進歩し、「深層学習」（ディープラーニング）と呼ばれる新たな手法が登場するなどして、高い性能を持つAIが作られるようになりました。例えば、チェスや囲碁の世界チャンピオンをAIが打ち負かしたというニュースを覚えている方もいるでしょう。

現在、日進月歩で高レベルのAIが研究開発され、様々な分野で実用化されています。

▶ 人工知能ブーム 図表04-2

研究対象	家電への活用	データを活用した高度なAI
1960年代	1980年代	2010年代

👍 ワンポイント　第二次ブームの頃に登場したファジィ家電

第二次ブームの成果物に、1990年代から発売され続けているAIを搭載した家電があります。それ以前の家電は、動作する時間や出力の強さを人がボタンやスイッチで決めていました。第二次ブームで登場した「ファジィ家電」と呼ばれる機器は、センサーで検出した値からコンピュータが機器の動作時間や出力の強さを決めるようになったのです。例えば洗濯機は、洗濯物の汚れ具合で洗い方を変え、電子レンジは食材に合わせて的確な作動時間を機器が決めます。その技術は今も発展しながら多くの家電に搭載されています。

● 社会の変化を加速させるAI

パソコンやスマートフォンなどのコンピュータ機器とインターネットの普及が世界を変え、これからはAIの発達により、さらに世界の変化が進むと言われています。

図表04-3は、パソコン、インターネット、携帯電話、そして高レベルのAIの登場で、社会の変化が加速するイメージを表したものです。

▶ 加速する社会の仕組みの変化 図表04-3

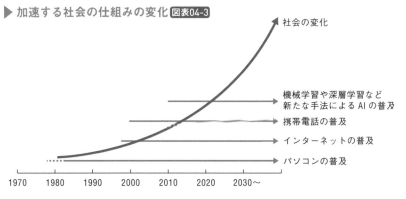

○ AIによる社会変化の例

社会の変化には様々なものが考えられます。例えば自動運転車の普及では、道路交通法の改正が必要で、自動車保険の仕組みも変わります。AIを活用した無人店舗が運営され始めており、今後、そのような店が増えることは間違いありません。荷物を自動配送するドローン（その制御はAIにより行われます）の実証実験も始まっています。病気の診断と治療法を見つけ出すことがAIの導入で大きな進歩を遂げると予想されています。病院の仕組みが変わっていく可能性も大きいのです。他には例えば、人と同じように日常会話

ができる玩具やロボットが家庭に普及したらどうなるでしょう。子どもたちの成長に影響を与えるのではないでしょうか。親となる方にも影響があるはずです。AIは教育という分野にも影響を及ぼすことが想像できます。

またあまり好ましい話ではありませんが、AIの普及に伴ってなくなる職業や、その仕事に就く人の数が大きく減る職業があると言われます。AIの普及で私たちの価値観が変わっていくことも、十分、考えられます。

○ AIはコンピュータのプログラムである

第三次ブームの中で開発されているAIは、医療、福祉、教育、電機、機械、自動車、金融、保険、広告、出版、建設、不動産、鉄道、航空、運輸、物流、アパレル、食品、飲食、農林水産業、エネルギー産業など、あらゆる分野で実用化が進んでいます。AIはすでに様々なビジネスに影響を及ぼしており、AIについても詳しくなるに越した

ことはありません。ビジネスパーソンは文系理系問わず、その知識を持つ必要があると言えます。

さて、AIとは何かと問われれば、それは冒頭で述べた通り、コンピュータのプログラムに他なりません。プログラミングを学ぶことでAIへの理解を深めることができます。

創薬、新素材の開発、株取引、天気予報、電話応対、商品の需要予測と発注業務、市場分析、不正取引の監視、機器や機械の故障予知、インフラの整備や修繕、文章の修正や自動作成などで AI を用いて業務を効率化、高速化したり、仕事の質を上げることに多くの企業が取り組んでいます。興味を持たれた方はインターネットなどで調べてみましょう

Lesson [教育]

05

プログラミングを学ぶことで個人が得られる価値とは

**このレッスンの
ポイント**

ここからはプログラミングを学ぶことで個人が得られる価値とは何かを考えていきます。政府が義務教育の中でプログラミングを必修化した意図を知ると、その価値が明らかになります。

○ プログラミング必修化の意味

文部科学省の資料「小学校プログラミング教育の手引」には、小学校におけるプログラミング教育のねらいが次のように記されています。

①と②はプログラミングを学ぶ大人にとっても大切な意味を持ちます。その意味をこのレッスンで説明していきます。

▶ プログラミング教育のねらい

> ① 「プログラミング的思考」を育むこと
> ② プログラムの働きやよさ、情報社会がコンピュータ等の情報技術によって支えられていることなどに気づくことができるようにするとともに、コンピュータ等を上手に活用して身近な問題を解決したり、よりよい社会を築いたりしようとする態度を育むこと
> ③ 各教科等の内容を指導する中で実施する場合には、各教科等での学びをより確実なものとすること

出典：文部科学省「小学校プログラミング教育の手引（第三版）」(2020年) より引用

○ プログラミング的思考とは

文部科学省は、プログラミング教育のねらい①にある「プログラミング的思考」を次のように説明しています。
「自分が意図する一連の活動を実現するために、どのような動きの組合せが必要であり、一つ一つの動きに対応した記号

を、どのように組み合わせたらいいのか、記号の組合せをどのように改善していけば、より意図した活動に近づくのか、といったことを論理的に考えていく力」
これはプログラミング言語を習得し、コンピュータのプログラムを作れるように

なることだけを意味しているのではありません。「プログラミング的思考」の真の意味は、ある問題を解決したい時や、何かを成し遂げようとする時、人はどうするかを考えてみることで理解できます。ある問題とは、例えば仕事なら「プロジェクトの遅れ（を取り戻すこと）」、家庭なら「悪化した夫婦仲（の改善）」、成し遂げたいものは、仕事では「上半期の売上目標の達成」、家庭では「子どもの成績アップ」など、様々なものが考えられます。みなさんがイメージしやすいものを思い浮かべてください。それらを解決したり成し遂げたりするには、一般的に次に示したような答えが想定されます。

▶ 一般的な問題解決の案

- できそうなところから手をつけたり、とりあえず頑張ってみる
- 人に相談する、あるいは、誰かの力を借りる
- 目標のハードルを下げる

このような方法でうまくいくこともありますから、もちろん、これらの答えは間違いではありません。ただしそれらは、深く考えた上での行動とは少し違うように思えます。

物事を深く考える人は、実行に移す前に、問題解決や目的達成の手段を考えます。解決や達成に至るまでの道筋を考え出し、複数の案があれば最良と思われる方法を選びます。そして目標に向かって行動を起こします。

その具体例を、自分で貯めたお小遣いで、夏休みに新しいゲーム機を買おうと考えている、賢い少年で考えてみます。

▶ プログラミング的思考に基づく問題解決

◎目標：夏休みまでにお小遣いを貯めて新しいゲーム機を買う

毎日もらえる小遣いを貯めても、夏休みまでの日数を数えると、ゲーム機を買える金額に達しないとわかりました。少年はどうすべきか考え、大きく2つの案を思い浮かべました。

A. 夏休みになったら、両親におねだりして買ってもらう

B. 何らかの手段で、必要な額までお金を貯める

案Aは両親の気分や家計の状態に左右され、運任せです。そこで、自分の力で何とかする案Bを実行すべきと思いました。案Bの具体的な方法を考えると、

① 日々のお小遣いを増やしてもらう

② 臨時収入を得る

という2つがあると思いました。

①はテストで良い点を連続して取った後なら可能性がありますが、今すぐ両親にお小遣いを増やしてと頼んでも断られるでしょう。そこで②の方法を採ると決めました。何かお手伝いをしてお駄賃をもらい、お金を貯めることにしたのです。

この少年は、考え、方針を決め、行動に移しました。このような考え方を一言で表すと、「問題解決や目的達成の手段を、筋道を立てて考えることができる能力」となります。これがプログラミング的思考であり、一般的に「論理的思考力」や「問題解決能力」という言葉で表される能力になります（図表05-1）。

▶ プログラミング的思考のイメージ1 図表05-1

目標を成し遂げるには？

あれをして（考え）　これをして（方針を決め）　それをすれば（行動する）　できた！

○ 工程に分解する、軌道修正する

何らかの目標は、通常、いくつかの段階を経て達成します。プログラミング的思考では、物事を成し遂げるまでに行うことを、いくつかの工程に分けることが行われます。

ただし、プログラミング的思考に基づいて考え出した案も、実際にやってみると、予想通りにいかないことがあります。その時は、うまくいかない原因や理由と、それを改善する手立てを考え、工程を別のものに変更するなどの軌道修正を行います（図表05-2）。

このような思考法を身につければ、仕事、勉強、日常生活など、様々な場面で問題解決がスムーズに進み、より高い目標や、より多くの目標を達成できるようになるはずです。

さきほど "物事を深く考える人" と表現しましたが、プログラミング的思考ができるのは「論理的思考力」に長けた人、と言い換えることができるでしょう。論理的思考力とは、物事を筋道立てて考え、原因と結果の因果関係を理解する力のことですから（次のレッスンで解説）。

▶ プログラミング的思考のイメージ2 図表05-2

仕事や日常生活の目標

達成

考え、　方針を決め、　行動する

うまくいかない時は軌道修正

考え、　方針を決め、　行動する

● プログラミングの学習が様々な能力を高める

プログラミングとは、プログラミング的思考（論理的思考）に基づいて行う作業であり、プログラミングを学ぶことで、その力を伸ばすことができます。また、先ほどの例からもわかるように、プログラミング的思考は、複数の解が考えられる問題に対して自分なりの答えを導き出す際に役に立ちます。プログラミングの学習で、論理的思考と密接に関わる「問題解決能力」も伸ばすことができるのです（こちらも次のレッスンで説明します）。なお、プログラミングを行うために、プログラミング的思考が絶対に必要ということではありません。プログラミングを学ぶことで、論理的思考力や問題解決能力が養われると考えてください。

> プログラミングを行うために、プログラミング的思考が必要ということではありません。プログラミングを学ぶことで、論理的思考力や問題解決能力が養われるのです

● 情報リテラシーについて

文科省のプログラミング教育のねらい②には、「情報リテラシー」の意味が込められています。②の文言はわかりやすい内容ですから解説の必要はないと思いますが、情報リテラシーはこれからの社会を生きる上で大切なものなので、ここで説明します。

情報リテラシー（Information Literacy）とは、様々な情報の中から必要なものを探し出し、それを自分の目的に合うよう、上手に使える能力を意味する言葉です。

私たちが手にする情報は、テレビ、ラジオ、新聞、雑誌などのマスメディアからもたらされるもの、周りにいる人たちから聞く話など、様々なものがありますが、近年は特にウェブサイトやSNSなど、インターネットからもたらされる情報が大きな意味を持ちます。

私たちはコンピュータ技術の発達により、様々な恩恵を受けながら日々を過ごしています。しかしその技術の1つであるインターネット上には嘘のニュースや悪意のある情報があり、それに振り回されたり、傷つけられたりする人がいます。パソコンやスマートフォンから得た情報を、自分と社会のために正しく使うこと、自ら情報を発信する時は正確な情報を出すことが、コンピュータを上手に活用するということです。それができるのは情報リテラシーが高い人です。

情報リテラシーの高い人

情報を上手に使う

情報リテラシーの低い人

情報に振り回される

● 大人こそが正しい知識を持ち、次世代へ伝える義務がある

子どもたちがプログラミングを学ぶ過程で、ある程度までは自然に情報リテラシーが育まれると筆者は考えます。しかしプログラミングだけで都合よく、未成年者がそれを完璧に身につけられるとは思いません。そのため学校教育としての指導が必要ですが、まずは何より私たち大人が、情報リテラシーに関する正しい知識を持つべきです。そしてそれを次の世代に伝える義務があります。そのような観点からも、プログラミングを学ぶなどしてコンピュータ全般に関する知識を高めることが大切なのです。

> デジタル・シティズンシップという言葉も耳にするようになりました。デジタル・シティズンシップとは、IT技術の良し悪し両面を理解した上で、それを有効活用し、法的・倫理的に模範となる行動ができることを意味する言葉です

👍 ワンポイント　ねらい③の意味について

プログラミング教育のねらい③は、子どもたちを指導する教員に向けた、各教科の中でプログラミングをどう教えるべきかという指針です。これについては、文科省の手引書に、以下のような説明があることをお伝えしておきます。

> ③の「各教科等での学びをより確実なものとする」とは、例えば、算数科において正多角形について学習する際に、プログラミングによって正多角形を作図する学習活動に取り組むことにより、正多角形の性質をより確実に理解することなどを指しています。

Lesson 06 ［スキルアップ］ プログラミングで鍛えられる論理的思考力と問題解決能力

**このレッスンの
ポイント**

前レッスンでは、プログラミングが論理的思考力や問題解決能力を伸ばすという話を教育の面から説明しましたが、大人にとってはスキルアップにつながる話です。ここでは、プログラミングがスキル向上に役立つ理由を説明します。

論理的思考力と問題解決能力

プログラミングの知識を学び、実際にプログラミングを行うことで論理的思考力が向上し、問題解決能力が鍛えられます。どちらの力も仕事や日常生活で役に立つものです。プログラミングでそれらの力が鍛えられる理由を説明します。

本書ではこの先、プログラミング的思考を論理的思考という言葉で統一して説明し、必要な場面でプログラミング的思考という言葉を用います

論理的思考力について

論理的思考とは、筋道を立てて物事を考え、原因と結果の因果関係を正しく理解する思考法を意味します。論理的思考ができる人は、「これをすることで、こういう結果が期待できる」と正しく考察し、また「この結果になったのは、これが原因である」と正しく分析できます。また、前レッスンでも伝えた通り、そうして判断した結果や行動が間違っていた場合、軌道修正する力も論理的思考力の賜物です（図表06-1）。

同じように、正しく動作するプログラムを作るには、コンピュータにどのタイミングで何をさせるべきかを考え、命令や計算式を的確に組み合わせる必要があります。プログラミングの過程でも、図中にある分析・考察、軌道修正といったプロセスを行うわけです。つまり、プログラミングの学習を重ねることは、情報や知識を分析・考察し、正しい判断や行動ができる論理的思考力そのものを鍛えることにつながるのです。

▶ 論理的思考のイメージ 図表06-1

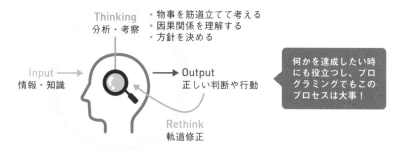

Thinking
分析・考察

・物事を筋道立てて考える
・因果関係を理解する
・方針を決める

Input
情報・知識

Output
正しい判断や行動

Rethink
軌道修正

何かを達成したい時にも役立つし、プログラミングでもこのプロセスは大事！

○ 問題解決能力について

問題解決能力とは文字通り、何らかの問題に直面した時、それを解決する力のことです。同じように、プログラムを組むことは、ある処理を行うにはどうすればよいかという問題を解くことです。簡単な問題なら短いプログラムで解けますが、コンピュータにある程度、大きな処理をさせるには、小さな問題を解く工程を、いくつか組み合わせます。

コンピュータが正しく処理を行うように、どのような手順で問題を解けばよいかを、命令や計算式を使って記述することがプログラミングです。またその際、論理的思考力も働いています。したがって、プログラミングを繰り返し行うことは、論理的思考力と問題解決能力を同時に鍛え、それらの能力を伸ばしていくことにつながるわけです（図表06-2）。

▶ 論理的思考力と問題解決能力を鍛える 図表06-2

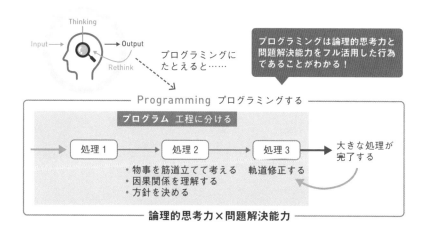

Thinking

Input → Output

Rethink

プログラミングにたとえると……

プログラミングは論理的思考力と問題解決能力をフル活用した行為であることがわかる！

Programming プログラミングする

プログラム 工程に分ける

処理1 → 処理2 → 処理3 → 大きな処理が完了する

・物事を筋道立てて考える
・因果関係を理解する
・方針を決める

軌道修正する

論理的思考力×問題解決能力

○ デバッグについて知る

プログラミングで論理的思考力と問題解決能力が伸びる理由がもう1つあるので、それをお伝えします。

プログラムは組めば完成ではありません。正しく動作すると考えて作ったプログラムが、うまく動かなかったり、ある条件の時にだけ誤動作を起こすことがあります。その原因を調べ、不具合を修正する作業をデバッグと言います。

デバッグでは、プログラムの動作確認と不具合の原因追及、プログラムの修正を、ソフトウェアが正しく動くようになるまで繰り返します。その作業は、まさに論理的思考を行っているときの軌道修正そのものです。また、デバッグは問題解決そのものですから、プログラミングを行うと、どちらの能力も鍛えられることになるわけです（図表06-3）。

▶ デバッグでも論理的思考力と問題解決能力を鍛えられる 図表06-3

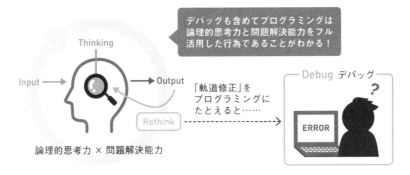

デバッグも含めてプログラミングは論理的思考力と問題解決能力をフル活用した行為であることがわかる！

Thinking

Input → Output

「軌道修正」をプログラミングにたとえると……

Rethink

論理的思考力 × 問題解決能力

Debug デバッグ

ERROR

商用のソフトウェア開発では様々な条件でデバッグを行い、プログラムに不具合がないかを調べます。プログラムの動作を確認するためのプログラム（人の代わりにデバッグを行うプログラム）を用いることもありますが、最終的な確認は、やはり人が行います

Lesson ［スキルアップ］
07

プログラミングがわかれば就職、転職にも役立つ

このレッスンの
ポイント

プログラミングによって鍛えられるスキルは、文系人材にとっても就職、転職に役立ちます。コンピュータの知識に基づいた情報収集能力やコミュニケーション能力は、多くの企業が求めているスキルです。

⭕ コンピュータの知識を持つ人材が求められる

コンピュータを活用できる人材が、様々な職場で求められています。求められるのは技術者だけではありません。ソフトウェアを開発できるほどの腕はなくても、"コンピュータに強い人材" が力を発揮できる場所がたくさんあります。

ここでいうコンピュータに強いという意味は、文書作成や表計算のソフトが使える、プレゼンテーション用のデジタル資料を作れるというだけではありません。

それらは今やビジネスパーソンとしての必須能力であり、多くの方が身につけています。

これからの職場では、コンピュータを使いこなす、一歩進んだ力が必要です。その主な力は、優れた情報収集能力、ソフトウェアを使いこなす知識、ハードウェアについての豊富な知識です。企業が欲する人材となれる能力がどのようなものかは、Lesson 09で改めてお伝えします。

▶ コンピュータに強い人材が活躍できる 図表07-1

コンピュータに強い人材

技術者でなくとも、
PC & IT に強い人材
は重宝される

コンピュータが苦手な人

今は苦手でも、職場で
教えてもらったり、学
び直しをすることで
スキルを身につける
ことはできる

◯ 技術者を求める多くの職場がある

プログラミング能力を身につけた方は、職に困らないということもお伝えしておきます。

様々な機器や機械に電子回路が組み込まれ、その中でプログラムが動く現代社会では、多くの業界からプログラマーの求人があります。プログラマーの主な仕事に、機器や機械を制御するソフトウェア開発、企業のシステム開発や研究分野で

の開発、ゲームのような娯楽商品の開発などが挙げられます。他にも様々な分野でソフトウェアが開発されており、プログラミング関連の仕事が多数あるので、一定の技量に達したプログラマーなら、職に困ることはまずありません。

近年はICTやAIの活用を期待する企業が増え、プログラミング能力のある人材が活躍できる場が広がっています。

▶ プログラマーには様々な仕事がある 図表07-2

ソフトウェア開発　　システム開発　　ゲーム開発

プログラマーと一括りにいっても、技術力の差によって、職場でのポジションや任させる仕事内容が変わることを補足しておきます

◯ 論理的思考力と問題解決能力は就職、転職に役立つ

就職や転職は内定を勝ち取ることが目標です。その目標に向かい、インターンへの参加、エントリー、企業説明会への参加、エントリーシートや履歴書の提出、試験、グループディスカッション、面接など、様々な段階を踏んで事を進めていきます。論理的思考力と問題解決能力に長けてい

れば、それぞれの段階ですべきことを正しく考え、目標に向かって進むことができるはずです。プログラミングを学び、それらの能力を向上させておけば、仕事を得る上でも優位になることは間違いありません。

Lesson [スキルアップ]

08 文系でも最低限身につけたいプログラミングの知識とは

このレッスンの
ポイント

プログラミングの学習によって現代社会必須のスキルが鍛えられることを説明しました。ここでは、文系の方がプログラミングを仕事で活用するケースがあること、また最低限身につけるべき知識について説明します。

○ 文系と理系の垣根は低くなっていく

多くの人たちがコンピュータ機器を使って仕事をする現代では、文系と理系の垣根が低くなる職場が増えています。文系出身でもプログラミングの知識を持つと活躍の場が広がる例として、ウェブサイトを制作するウェブデザイナーの仕事について説明します。

ウェブサイトは閲覧用のデータが並んでいるだけでなく、その裏側ではコンピュータのプログラムが動いています。そのため文系出身者が多いと言われるウェブデザイナーも、プログラミングの知識を要求されることが増えました。

例えば、Yahoo! JAPANのトップページを開くと、最新ニュースや天気の情報、広告などが表示されます。サイトにアクセスした日時や、ユーザーの好みに応じて内容が変わりますが、それをプログラムで実現しています。そのようなウェブサイトを動的なウェブサイトと言い、特定のページを指す場合は動的なページと呼びます。

これに対し、文章と写真やイラストだけで構成され、いつアクセスしても変化のないウェブサイトを静的なウェブサイトと言い、特定のページを指す場合は静的なページと呼びます。静的なウェブサイトはデザイン面の知識だけで作れますが、動的なウェブサイトを構成するには、コンピュータのプログラムに関する知識も必要です。プログラムによる処理はプログラマーに任せるにしても、ウェブデザイナーもサイトの裏で行われていることを知っておく必要があるのです。

このように時代の流れとともに、ウェブサイトでプログラムを動かすことが当たり前となり、プログラミングの知識も必要となりました。つまり、文系出身のウェブデザイナーもプログラミングを学ぶ必要があるのです。そのような向上心のある人たちこそが企業が欲する人材であり、活躍の場を広げるのでしょう。

NEXT PAGE →

▶ 動的なウェブサイトの例 図表08-1

その日の最新ニュースを一覧表示する。別の時間帯や次の日にアクセスすれば内容も更新される

ユーザーの好みを分析した広告が自動的に表示される。ただし、ブラウザやアプリの設定によって、追跡広告に制限をかけている場合は、好みとは関係のない広告が表示される

日付、曜日、天気、交通状況など、アクセスした日に関連する情報を表示する

これだけ多機能なウェブサイトを作るには、デザイン面だけでなく、プログラミングやコンピュータの知識が必要なのもうなずけるでしょう

● 文系が最低限身につけるべきこと

文系の方が身につけるべきIT関連の知識や技術として、本書は次の3つを挙げます。

> **①優れた情報収集能力**
>
> 例）他社のライバル商品の情報をネットから広く集め、それを元に自社製品の売り上げアップの手段や、新たな商品の企画を提案できる
>
> **②業務の効率化を提案できる能力**
>
> 例）業務を効率化するソフトウェアの使い方や導入を提案できる
>
> **③ハードウェア全般に関する知識**
>
> 例）コンピュータ機器にトラブルが発生した時、迅速にそれに対処できる

①と②はプログラミングを学んで論理的思考力を鍛えたり、情報通信技術についての知識を増やしたりすることで、伸びていく力です。③はプログラミングを学ぶとコンピュータ全般について明るくなるので、その機器やソフトウェアになぜトラブルが生じているのかをイメージしやすくなります。

業種、職種によって差はありますが、ここに挙げた①～③は多くの職場で求められている力です。その他、多くの仕事は1人で行うものでなく、チーム単位や部署単位で成し遂げるものです。理系出身者と文系出身者が混在して仕事をする現場も多いでしょう。文系出身者はプログラミングの動作方法を知ることで、理系出身者とのコミュニケーションが円滑になるという利点もあります。

▶ **コンピュータの知識が仕事にも生かされる** 図表08-2

[私生活の充実]

想像力と創造性を伸ばせる 趣味プログラミングも有意義

このレッスンの
ポイント

プログラミングを学ぶ価値は、私たちの日常生活の中にも見出すことができます。このレッスンではプログラミングはそもそも楽しいものであること、モノづくりに通じる楽しさがあることを、ざっくばらんにお伝えします。

○ モノ作りは楽しい

みなさんはモノ作りの趣味をお持ちでしょうか。手芸、料理、日曜大工など、何かを作ることを楽しまれている方は多いと思います。今はそのような趣味をお持ちでない方も、子どもの時にプラモデル作りに熱中した、幼い頃に折り紙を楽しんだという思い出のある方もいらっしゃることでしょう。誰もが一度は何かのモノづくりを楽しんだ経験をお持ちではないかと思います。

人がモノ作りに熱中するのは、それが楽しいからに他なりません。そしてプログラミングはモノ作りそのものです。各種

の命令を組み合わせて作ったプログラムが動いた時、多くの方はそれを楽しいと感じることができます。またコンピュータという高度な機器に、思い通りの動作をさせることができた時、そこには新たな感動があります。

プログラミングに苦手意識を持たれている方は、その気持ちは脇に置き、本書をもう少し読み進めていきましょう。Chapter 2でプログラミングの学び方を知り、Chapter 3でゲームを制作する中で、プログラミングは楽しめるものだということをご理解いただけるはずです。

▶ 楽しいモノ作り 図表09-1

工作や折り紙

日曜大工やDIY

プログラミング

モノづくりの醍醐味を味わえるのもプログラミングの良さ

● 趣味の中で伸びる力がある

プログラミングの素晴らしさに、アイデアを具現化できることがあります。

筆者はプログラミングを学ぶには、コンピュータゲームを作ることがベストであると考えています。ゲームを作るということは、頭の中にあるアイデアを形にすることです。プログラミングで論理的思考力と問題解決能力が伸びることをお伝えしましたが、ゲーム制作で想像力と創造性を養うことができます。想像や創造は人生を豊かにするものです。

このように、様々な力がつくわけですから、プログラミングを学ぶことは良いことずくめなのです。

▶ 想像力と創造性を養う 図表09-2

👍 ワンポイント　世界市場という大海原へ

みなさんはプログラミングを、どこまで上達したいとお考えでしょうか。「概要を理解できればよい」「基礎知識を身につけ、ビジネスに生かしたい」「趣味でプログラムを作れるようになりたい」「いずれは商用ソフトウェアを開発したい」などなど、目標は人によって違いますが、趣味でプログラミングをする方や、商用ソフト開発を目指す方は、作り上げたものを、ソフトウェアを配信できるサービスで発表されてはいかがでしょうか。

インターネットには、個人制作の映像、音楽、漫画、イラスト、小説、ゲームなどのコンテンツを配信できるサービスがあります。パソコンソフトやスマホアプリを配信するサービスは個人でも利用できます。配信手続きは難しいものでなく、インターネットで調べながら行えば、作ったゲームやツールを、誰もが世界に向けて発信できるのです。また本書で使うScratchというプログラミングツールは、作ったゲームやアニメーションを世界中のユーザーに遊んでもらったり、見てもらえたりできるサービスです。オリジナル作品ができたら、ぜひ一般公開しましょう。その方法はChapter 4で説明します。

個人で作ったものの中からヒット作が生まれることもあります（それはインターネットがもたらした恩恵です）。プログラミングで夢を追うのも楽しいことではないでしょうか。

ⓘ COLUMN

プログラミング教育を受けた世代とともに生きる

お子様のいらっしゃる方や、これから家庭を築かれる方は、将来、お子さんからプログラミングについての質問が出る可能性があります。その時、答えることができず、「先生に聞いて」と片づけてしまうのは、もったいないことです。プログラミングによって伸びる力は、社会に出て役に立つものばかり

ですから。
プログラミングについて知っていれば、「どんなことを学んでいるのかな?」と、子どもと会話を始めることができます。その会話にソフトウェアを完成させる技術は不要です。基礎知識さえあればプログラミングについて話をすることができるのです。

▶ 親子でプログラミングについて考える 図表09-3

プログラミングの変数って何?

一緒に勉強してみましょう

誰もがソフトウェアを完成させる域に達しなくてはならないのではありません。もちろんソフトウェアを作れる技術が身につけば素晴らしいですが、コミュニケーションを円滑に行うことが目的なら、プログラミングを学ぶことの大切さや基礎知識を学んでおけばよいのです

Chapter

2

文系でも絶対に
挫折しない
最適学習のススメ

この章では、プログラミングとは
どのようなものかを理解するため
の準備として、プログラミング言
語の学び方の概要を説明します。
そして誰もが手軽に扱えるビジュ
アルプログラミング言語のツール
をいくつか体験します。

Lesson [マインドセット]

10 そもそもプログラムとは？大人が学ぶべきポイントは？

このレッスンのポイント

プログラミングをやったことのない文系の方は、より身近なものに置き換えて取り組んでみると、なぜ学んだほうがいいのかイメージしやすくなります。ここでは導入として、そもそも「プログラムとは何か」について説明します。

● コンピュータのプログラムとは

「プログラム」とは、コンピュータに正しく処理を行わせるために、正しい書式で命令を記述した「指示書」(命令書)だと思ってください。そして、その指示書を記述する作業が「プログラミング」です。これらの関係を身近な事柄にたとえれば、子どもにお使いを頼む「買い物リスト(指示書)」を思い浮かべると良いでしょう。「ニンジン1本、ジャガイモ1袋、豚肉300グラム」というように記述したとして、子どもがその通りに買ってくる場合もあれば間違うこともあります。八百屋さんでサービスしてもらったといった、予想外の出来事も発生するかもしれません。

相手が人間の場合は、こちらがいくら正しく指示書を書いたとしても、その通りになるとは限りません。

それに対してプログラムという指示書は、正しく記述することで、書き手(プログラマー)の思い通りに、コンピュータに処理を行わせることができます。逆に、正しく指示書を書けなければ、コンピュータは思い通りの処理を行いません。相手がコンピュータだからこそ、指示書の正確さが問われることになるわけですが、これはプログラミングの面白さでもあります。

▶ **プログラムはコンピュータへの指示書** 図表10-1

この通りに動いて

プログラマー

指示書 ＝プログラム

ワカリマシタ！

コンピュータ

● 理解するには実体験が必要

プログラムとはどのようなものかを本当に理解するには、やはりそれを実際に記述し、動作させてみる経験が必要です。この章ではプログラミングの学習ツールを体験し、簡単に作れるプログラムを実際に作成し、動作させてみることで、コンピュータへの指示書作りとはどのようなものかを理解していきます。

現時点でプログラミングの全体像がはっきりしないという方も心配はいりません。この先で学習ツールを体験することで理解が進みますので、楽な気持ちで読み進めていきましょう。

> コンピュータのプログラムのことを、コードやソースコードと呼ぶこともあります。本書では基本的にプログラムと呼び、必要な時にコードと呼ぶようにします

● プログラミング学習の本質

現代では電子回路とプログラムによって動く機器や機械がインターネットにつながり、社会の隅々まで行き渡っていることを、もう一度、思い出しましょう。様々な機器や機械の中で動くプログラムが、私たちの生活の質を向上させ、仕事を効率化し、社会の発展を支えています。

プログラミングを学ぶことの本質は、そうして世の中を変えていくモノやサービスの成り立ちや背景に、意識が向くようになるところにあります。普段は目にすることのないプログラムは人間が作ったものです。そして、それらは社会を大きく動かし、私たちの生活を支えています。例えば、何気ないネットショッピングで

も「これはAI（プログラム）がオススメしたものなのだろうか？」「配送日の再指定はプログラムが行うのかな？」など、モノやサービスの裏側にまで、自然と意識が向くようになります。こうした感覚は現代社会にとっての課題やニーズを把握する上で、とても重要です。

前章でプログラミングの学習が様々なスキル向上に資するという話をしましたが、より本質的には現代社会の課題やニーズに対して、新しい視点を獲得できる点。つまり、世の中を見る目を養える点がプログラミング学習の本質と言えるのではないでしょうか。

> 政治や経済についてよく知れば、社会の動きに対する見え方が変わってくるのと本質的には同じことです

Lesson [学習方法について]

11
今と昔では大きく異なる 最適な学習方法を知ろう

このレッスンの ポイント

プログラミングの学び方は時代と共に進化しています。苦手意識のある文系の方が、今の時代に適した学び方について、知っておくことは有意義です。実際に体験する前に、ここで昔と今の学び方の違いを知っておきましょう。

◯ 昔の学び方と今の学び方

パソコンが家庭に普及していった前世紀、コンピュータの使い方やプログラミングを学ぶ主な方法は独学でした。コンピュータは今よりシンプルで、やる気があれば、コンピュータ雑誌や技術書を片手に、ひたすらパソコンにプログラムを打ち込むうちに、命令の意味や文法を理解できるようになったものです。

筆者はそのようにしてプログラミングを習得した1人です。少年少女時代に同様のスタイルでプログラミングを身につけ、今ではIT業界だけでなく、幅広い業界で活躍される方たちがいます。しかしながらそのような方法で学習がうまくいった時代は過ぎ去りました。その大きな理由はコンピュータが高度に発達し、ソフトウェア、ハードウェアともに学ぶべき知識がぐんと増えたからです。

正しい学び方をしないと時間を無駄に費やします。またプログラミングを学ぶには、各種の法人が運営するプログラミングスクールやオンラインスクールで学んだり、専門学校に入学したりする方法がありますが、学び方を間違えると、必要以上に多くの費用をかけてしまうことになります。

▶ **複数ある学び方** 図表11-1

独学
（書籍、ウェブサービスなど）

オンラインスクール
（無料講座、短期講座など）

スクールに通う
（専門学校、大学など）

● 今の時代に最適な学習法とは

現代ではどのような方法でプログラミングを学んだらよいのでしょうか？
その答えの1つはビジュアルプログラミング言語による学習です。
ビジュアルプログラミング言語を用いたプログラミングでは、プログラムを組むルールや動作の流れを、子どもから年配の方まで、もちろん初めて学ぶ文系の方も、しっかり理解できます。実際にこの後、ビジュアルプログラミング言語で簡単な

プログラムを作り、まずはツールの使い方に慣れていただきます。コンピュータへの指示書作りであるプログラミングの概要を、実感を持って理解することができるでしょう。
なお、筆者は学習の題材としてゲーム制作を勧めています。その理由は前章でお伝えしたように創造性などを伸ばせることにありますが、それ以外にも理由があり、後のレッスンで改めてお伝えします。

▶ ビジュアルプログラミングの例 図表11-2

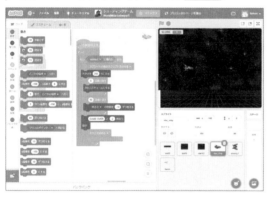

マウスで操作でき、見た目にもわかりやすい。誰もがプログラミングの基礎を習得できます

● できるだけ多くのプログラムを入力しよう

昔から広く行われてきた学び方に、先ほど述べた「サンプルプログラムをたくさん打ち込んで動作確認する」方法があります。そのような方法は俗に「写経スタイル」と呼ばれ、今でもその学習法を勧める方や、実際にそのような学び方をする方がいます。しかしプログラミング初心者がプログラムの書き写しを行っても、学習は思うように進まないものです。
写経スタイルによる学習は、ある程度の

知識や技術を身につけた段階で試すべき方法です。もちろん、筆者はプログラミングを習得したいなら、自分の手で、できるだけ多くのプログラムを入力することを勧めていますが、理解が伴わないのに入力だけをひたすら行うような学習はあまり効果的ではないと考えています。「入力しているプログラムがどのような結果につながるか」きちんとイメージできたり、その仕組を理解した上で取り組みましょう。

Lesson
12

［誰もが扱える言語］

ビジュアルプログラミング言語で学ぶ共通の知識とは

このレッスンの
ポイント

プログラムを手入力する一般的なプログラミング言語と、ビジュアルプログラミング言語の違いを説明しながら、どのような学び方であれ、初学者が身につけておくべき共通の知識について説明します。

◯ 数あるプログラミング言語

一般的なプログラミング言語として、C言語、C++、C#、Java、JavaScript、Pythonなどがあります。これらの言語はソフトウェア開発の場で広く使われています。他にもPHP、Ruby、Perlなどのプログラミング言語の名を耳にされたことがある方もいらっしゃるでしょう（図表12-1）。

これらの言語の特徴はChapter 6で詳しく説明しますが、共通しているのはどれも

キーボードからプログラムを入力することで作成する点です（図表12-2）。

キーボードからプログラムを手入力するプログラミング言語と、本書で学ぶビジュアルプログラミング言語には大きな違いがあります。それは、ビジュアルプログラミング言語ではプログラムを手入力せず、画面に表示された命令をマウスで組み合わせてプログラミングする言語だということです。

▶ 一般的なプログラミング言語 図表12-1

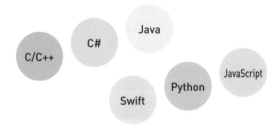

JavaScriptとJavaは、名前は似ていますが、まったく別の言語です

※あくまで一例です。他にもたくさんの言語があります

▶ C言語とPythonのプログラムの記述例 図表12-2

C言語のコード

```
#include <stdio.h>
int main(void){
    int a = 1;
    int b = 2;
    printf("a の値は %d、b の値は %d\n", a, b);
    int c = a + b;
    printf("a+b の値は %d\n", c);
}
```

Pythonのコード

```
a = 1
b = 2
print("a の値は ",a, "、b の値は ", b)
c = a + b
print("a+b の値は ", c)
```

※変数aに1、bに2を代入し、cにa+bの計算結果を入れて、それらの値を出力するプログラム

○ ビジュアルプログラミング言語の特徴

代表的なビジュアルプログラミング言語の1つが本書で用いるScratch です。Scratchは 図表12-3 のようにブロックを組み合わせてプログラミングします。この図の中央に並ぶオレンジや紫のブロックがプログラムです。それらのブロックの組み合わせで、図表12-2 のC言語やPythonのプログラムと同じ処理を行っています。プログラムを手入力する一般的なプログラミング言語と、ビジュアルプログラミング言語では、プログラム作成スタイルが大きく異なることがわかります。

▶ Scratchによるプログラムの記述例 図表12-3

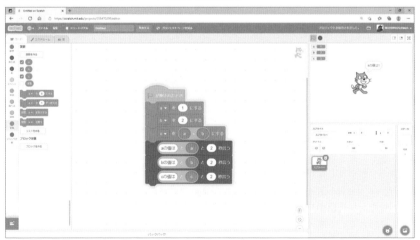

https://scratch.mit.edu/

○ プログラム＝指示書の意味を理解しよう

図表12-2 のプログラムと、図表12-3 の Scratchのプログラムは、どれもまったく同じ処理をさせています。下の図にあるような処理をコンピュータに行わせるために、命令や計算式を用いて、①変数aに1を代入せよ。②bに2を代入せよ。③cにa+bを代入せよ。④それぞれの値を出力せよ……と具体的な指示を記述しています。

プログラマーが望む処理をプログラムによって記述するのか、ブロックを並べることによって記述しているのかが異なるだけなのです。記述スタイルが違っても、「プログラムとは指示書である」という基本的な考え方は同じであることがわかるでしょう。

▶ 処理の流れとイメージ 図表12-4

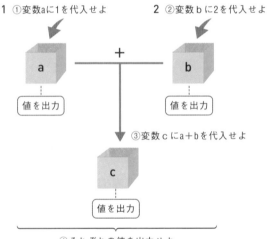

1 ①変数aに1を代入せよ　　2 ②変数bに2を代入せよ

a ＋ b
値を出力　　値を出力

③変数cにa＋bを代入せよ

c
値を出力

④それぞれの値を出力せよ

※箱は変数をイメージしたもの。変数とは値を保持するためのもので、次章で改めて説明します

Scratchはゲームやアニメーションを作りながらプログラミングを学ぶツールで、教育に用いられたり、趣味のプログラミングをする方に使われています。一方、C/C++、Java、Pythonなどの言語は商業用プログラムや学術研究用のソフトウェアを作るためのものとして使われています

◯ どのプログラミング言語にも通じる知識がある

プログラムではコンピュータに仕事をさせるために、入力、計算（演算）、出力という処理を行います。

この処理の大きな流れは、どのプログラミング言語で作ったプログラムにも共通します。そしてどの言語にも、入力と出力、計算（変数と演算子）の他、条件分岐や繰り返しなどの基本的な処理を行う命令が備わっています。

変数による計算、条件分岐、繰り返しな

どがプログラミングの基礎知識に当たる部分で、その知識はプログラミング言語の種類を問わず、あらゆる言語に共通するものです。

Scratchではそれらの基礎知識をしっかり学ぶことができます。そして、Scratchで学んだことは、他の一般的な言語を学ぶ際にも役に立ちます。本書ではChapter 3〜4でコンピュータゲームを作りながら、それらの知識を学んでいきます。

▶ プログラムの処理の大きな流れ 図表12-5

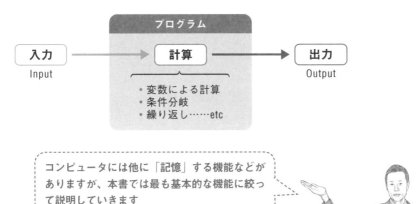

コンピュータには他に「記憶」する機能などがありますが、本書では最も基本的な機能に絞って説明していきます

◯ プログラミング言語には難易度がある

プログラミング言語を習得する難しさは言語ごとに異なります。Scratchは理解しやすく、短期間でプログラムを組めるようになりますが、例えばJavaという言語は時間をかけてじっくり学ばないと身につきません。現在利用できるプログラミ

ング言語の中で、最も学びやすいのはビジュアルプログラミングです。初学者はScratchなどから学び始めれば、挫折することなくプログラミングを身につけることができます。

Lesson [プログラミングの体験]

13 Scratchで プログラミングを体験しよう

このレッスンの
ポイント

本格的にScratchを使う前に、簡単なプログラムを組んで、ビジュアルプログラミング言語とはどのようなものかを体験してみましょう。ここでは主に、「コンピュータに指示を出す」ことがどのようなものかを体験します。

◯ Scratchのコードエリアを開く

ブロックを組み合わせて、キャラクターを動かす処理を作ってみます。ブロックはコンピュータへの命令であり、ブロックを組み合わせたものがプログラム（コード）と考えてください。

1 Scratch公式サイトにアクセスする

1 パソコンのウェブブラウザで、下記URLへアクセスします
https://scratch.mit.edu/

2 トップページ左上にある［作る］をクリックします。

2 コードエリアが開く

1 「チュートリアル」が表示されたら、［×］をクリックして閉じてください。

(P) POINT

Scratchはユーザー登録すると、プログラムの保存や共有ができるようになりますが、ここでは登録なしでまずは体験してみます（登録方法は次章参照）。

○ スプライトとは

Scratchのコードエリアの右側には、初期状態で、「スクラッチキャット」というスプライトが表示されています。スプライトとはキャラクターや図形など、Scratch上でプログラムによって動作する画像の

ことを指します。

次ページからコンピュータに処理を命じるブロックを組み合わせ、このスプライトが自動的に右へ動くプログラムを作ってみましょう。

▶ Scratchの画面 図表13-1

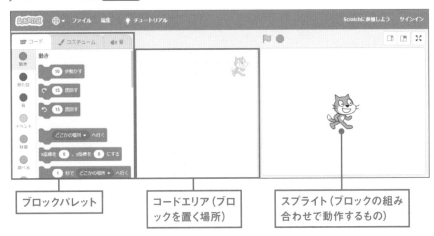

ブロックパレット

コードエリア（ブロックを置く場所）

スプライト（ブロックの組み合わせで動作するもの）

必要と思われる方はチュートリアルもご覧になってください。上部メニューの［チュートリアル］をクリックすれば、いつでも確認できます

👍 ワンポイント　日本語で表示されない時

もしScratchのサイトが日本語でない場合は、画面左上の地球儀の形をしたアイコンをクリックし、［日本語］や［にほんご］を選びましょう。この時、［にほんご］を選ぶと、ひらがなとカタカナで表示され、小さなお子様が使いやすくなります。

○ ブロックでプログラミングする

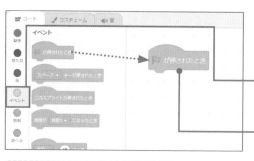

1 | 1行目を記述する

1 左端の［イベント］をクリックします。

2 ［▶ が押されたとき］のブロックをコードエリアにドラッグ＆ドロップします。

Ⓟ POINT
このブロックは「旗を押した時に、このブロックに続く処理を始める」という意味を持ちます。

1つ目のブロックを置きましたが、一般的なプログラミング言語でいうと、これでプログラムを1行記述したことと同じになります

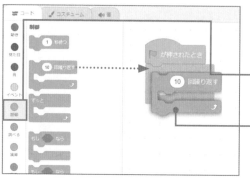

2 | 2行目を記述する

1 左端の［制御］をクリックします。

2 ［10回繰り返す］をドラッグ＆ドロップして、コードエリアに置いた［▶ が押されたとき］の下につなげましょう。

Ⓟ POINT
［10回繰り返す］のブロックは、その名前の通り、このブロックの中に組み込んだ処理を、指定した回数繰り返します。

このブロックを置いたことで、2行目を記述したことになります。なお、［10回繰り返す］の10は好きな値に変更できますが、ここでは10のままプログラミングを続けます

3 3行目を記述する

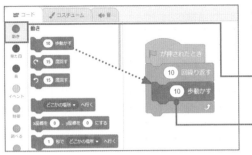

1 左端の［動き］をクリックします。

2 ［10歩動かす］のブロックを、先ほど配置した［10回繰り返す］の中にドラッグ＆ドロップして組み込んでください。

P POINT
［10歩動かす］は指定のドット数、スプライトを移動させるブロックです。

これで3行目を記述したことになります

4 4行目を記述する

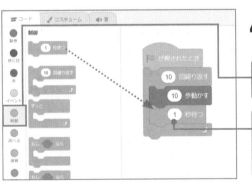

1 もう一度、左端の［制御］をクリックします。

2 ［1秒待つ］のブロックを、先ほど配置した［10歩動かす］のさらに下にドラッグ＆ドロップして配置します。

P POINT
［1秒待つ］は、プログラムの処理を、指定の時間、一時停止するブロックです。

これで4行目を記述したことになります。驚くことに、たったこれだけでスプライトを右へ動かすプログラムを作ることができたのです。さっそく動作確認してみましょう

○ どのような動作をするかを想像しよう

たった4つのブロックを組み合わせただけで、スプライトを右に動かすプログラムが作成できました。ここで作ったプログラムを言葉で表現すると、次の箇条書きような処理を順番に行っていることになります。

文系の方をはじめ、プログラミングが初めての方は、ぜひプログラムを実行する前に、スクラッチキャットがどう動くかを想像してみることをおすすめします。

▶ プログラムの内容

① 旗を押したら処理を開始する
② ある処理を 10 回繰り返す
③ その処理は、10 歩（10 ドット）動かし、1 秒待つこと

○ プログラムを実行する

▶がプログラムを実行するアイコンです。クリックして動作を確認してみましょう。Scratchのプログラム（コード）は、ブロックを並べた順に上から下に実行されます。

旗をクリックすると、みなさんの想像通り、スクラッチキャットが右に動いていきます。そして10回動くと処理が終わります。

▶ スプライトが右に動く 図表13-2

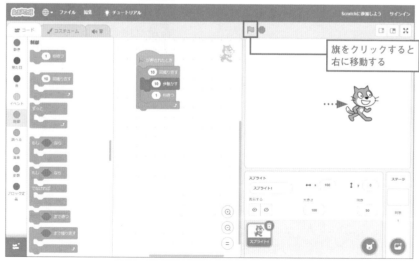

旗をクリックすると
右に移動する

● 作成したプログラムの説明

ここでは4種類のブロックで、次のプログラム（コード）を作りました。処理の内容は、前ページに示した箇条書きの通りですが、それらの処理が各々のブロックに割り当てられているのがわかるでしょうか。最初にお伝えした通り、ブロックが「コンピュータへの命令」であることが、このことからもよりハッキリするでしょう。

▶ プログラムの処理 図表13-3

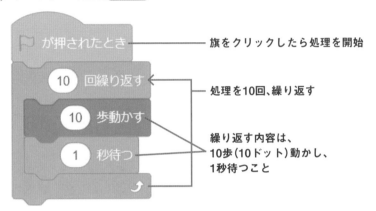

旗をクリックしたら処理を開始

処理を10回、繰り返す

繰り返す内容は、
10歩（10ドット）動かし、
1秒待つこと

● 簡単にプログラミングできる

ビジュアルプログラミング言語では、このように簡単にプログラムを組むことができます。
Scratchの体験はここまでにしますが、ここで作ったプログラムに別のブロックを組み合わせ、どのような動作をするかを確認していただいて構いません。

例えば［●見た目］にある［こんにちは！と2秒言う］を用いれば、スクラッチキャットに言葉をしゃべらせる（文字列を出力する）ことができます。言葉を変えたければ、コードエリアに置いた［こんにちは！と2秒言う］の［こんにちは！］をクリックし、別の文字列を入力しましょう。

Scratch はプログラムにミスがあっても、パソコンが誤動作するような心配はありません。ミスを気にせず、どんどん試してみましょう

Lesson 14 ［プログラミングの体験］

Hour of Codeで プログラミングを体験しよう

このレッスンの
ポイント

Scratch以外にもプログラミングを学べるツールがあります。ここではCode.orgが運営するコンピュータサイエンスの学習サービス「Hour of Code」というビジュアルプログラミングを用いて、簡単な体験をしてみます。

◯ Hour of Code（アワーオブコード）とは

Hour of Code（アワーオブコード）は、米国の非営利団体Code.orgが運営する、プログラミング教育の普及活動の1つです（図表14-1）。
ゲーム感覚でプログラミングを学べるコンテンツが用意されており、楽しみながら学習を進められる内容になっています。このサービスは、誰もが個人のペースや技量に合わせ、無料でプログラミングを学べるところが優れています。

▶ Hour of Codeのウェブサイト 図表14-1

https://code.org/

このレッスンでは Code.org が提供するコンテンツの1つを体験します

○ 何を体験するのか

Code.orgは様々なコンテンツを提供していますが、本書ではディズニー映画「アナと雪の女王」を題材にした教材を体験します。これはScratchと同様に、ブロックの命令を組み合わせて、上から順番に命令を実行するタイプの教材です。組み合わせたブロックを実行して画面に線を引き、絵を描くといった内容から、「コンピュータに命令を出す」というプログラミングの基本を学ぶことができます。

▶「アナとエルサのコーディング」の画面 図表14-2

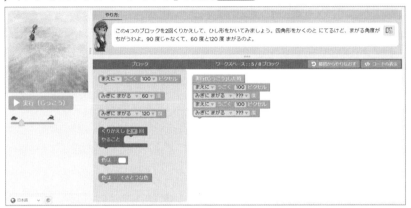

Hour of Code のユーザー登録をすると、サービス内容のすべてを利用できますが、ここではあくまでもプログラミングの体験を目的としているため、登録せずに説明していきます

👍 ワンポイント　いろいろあるHour of Code

日本ではCode.orgの活動を国内のNPO法人がサポートしています。「Hour of Code」でネット検索すると「https://hourofcode.jp/」など、前ページで紹介した本家サイトとは異なるページが見つかることがあるのは、そのためです。そこからリンクを辿りCode.orgの学習サイトに入ることもできますが、本書の手順と若干異なるため、本家サイトからアクセスするようにしてください。なお、Hour of Codeに限らず、ネット検索で海外のサイトに辿り着こうとすると、偽のサイトに誘導されるおそれもあるので、お子様が使う時は注意を払いましょう。

○ Code.org公式サイトで教材を選ぶ

1 Code.org公式サイトにアクセスする

1 パソコンのウェブブラウザで、下記URLへアクセスします
https://code.org/

2 トップページ中央にある［挑戦してみる］をクリックします。

(P) POINT
初回アクセス時に「Please select your language」と表示されたら、プルダウンメニューから［日本語］を選択し、日本語に切り替えてください。

2 教材を選ぶ

1 「Code.org の Hour of Code アクティビティ」というページで、様々な教材が一覧表示されます。画面をスクロールしましょう。

2 画面の下のほうにある「アナと雪の女王」をクリックします。

(P) POINT
この教材は本書執筆時点のもので、新たなコンテンツに変更される可能性があります。その時は好きなコンテンツを試してみましょう。画面の説明に従って操作するだけでも、プログラム作成の基本を学べます。

ワンポイント コンピュータサイエンスとは

Code.orgのホームページでは、様々なところに「Computer Science」や「コンピュータサイエンス」という言葉が用いられています。コンピュータサイエンス（計算機科学）とは、コンピュータを用いて様々な計算や研究を行う分野を意味する言葉で、プログラミングを学ぶことも含まれます。

下記チュートリアル内に登場するモデルのリンジーさんは、大学でコンピュータサイエンスを専攻しているそうです。「アナと雪の女王」で学ぶブロックを組み合わせたプログラムの作成方法は、プログラミングを学ぶ大学生も採用しており、コンピュータサイエンスの基礎となるものだと述べています。Hour of Codeの教材が決して子どもだけのものではなく、大人が学ぶ価値のあるものだということがわかります。他に、このチュートリアル内では、マイクロソフトを創業したビル・ゲイツ、フェイスブックのマーク・ザッカーバーグも登場し、プログラミングの学習の重要性を語っています。

○「アナと雪の女王」でプログラミングを体験する

1 チュートリアルと「やり方」を確認する

1 チュートリアル（説明）ムービーが再生されます。視聴したら、[×]をクリックして次に進みましょう。

2 画面上の「やり方」の欄にエルサがいて、何をしたらいいのか教えてくれます。ここでは、1本の線を引くにはどうしたらいいのかを考えて、左のブロックをワークスペース内にドラッグしましょう。

POINT
レッスン1はブロックの命令を使って1本の直線を引く問題、レッスン2は2本の線を90度の角度で描く問題と、どんどんレベルアップしていきます。

2 1本の直線を引く

1 3つのブロックの中から正しいブロックをワークスペース内の［実行した時］の下に配置します。

2 ［実行］をクリックします。

(P) POINT

命令を実行すると、左上のアニメーションが動き、氷上に線が引かれます。ブロックの配置が正しければ、ステップをクリアし、次のレベルの問題に進みます。

3 ［次へ］をクリックして、レッスン2に進みます。問題はどんどん難しくなるので、考えながら問いていきましょう。

Point ブロックのコードを表示する

Hour of Codeのブロックで作成したプログラム（コード）は、実はJavaScriptで記述されたコードと同じものです。レッスンをクリアした時に、エルサが「あなたは今○行のコードを書きました」と発言するのはそのためです。そのとき、［コードを表示します。］をクリックすると、ブロックの組み合わせがJavaScriptではどのように記述されるのか、確認することができます。

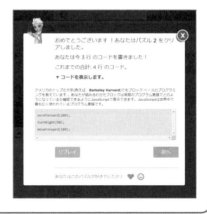

○ 何が身につくか

この学習を繰り返すことで、コンピュータへの命令を組み合わせて指示を出す意味がわかるようになってきます。「複数の命令を正しく組み合わせる」ことが、プログラミングのポイントの1つです。例えばA、Bという2つの命令があり、A→Bの順に指示すべきところを、B→Aの順に指示すると、コンピュータは正しく動作しません。

「アナと雪の女王」は全部で20レッスンあり、すべてを終えるには時間がかかるので、コンピュータに命令を出す意味がつかめた時点で学習を打ち切ってもかまいませんが、全レッスンを終了させれば、理解がより深まることでしょう。
すべてのレッスンを終了すると、次のような修了証明書が発行されます。

▶ 修了証明書 図表14-3

修了証明書を発行します

‹ アクティビティに もどる

ご提出ありがとうございます！

今度は、ほかのコースを続けるか、1時間を超えて学ぶためのオプションを見ることができます。

あなたの成果をシェアする

> この証明書は学習者のやる気を出すためのもので、何かの資格になるものではないことを、念のためお伝えします

👍 ワンポイント　Code.orgのパートナー

Code.orgの「パートナー」というページには、グーグル、アマゾン、マイクロソフトなど、GAFAMと呼ばれる巨大IT企業のロゴが並んでいます。このこ

とから、この団体のコンピュータサイエンスの学習を支援するという活動が、IT業界の中心企業に支えられていることがわかります。

● 他にも様々なコースが用意されている

Hour of Codeには様々なコースが用意されています。例えば「Minecraft」や「アングリーバード」という有名なコンピュータゲームを題材にした教材では、キャラクターを動かすブロックを使って、簡単なゲームをクリアしていく流れでプログラミングを学習できます。

小中学生、高校生向けには、次の図のようなコースが用意されており、それぞれ楽しみながら学ぶことができます。

これらのコンテンツは大人が学んでも参考になることをお伝えしておきます。興味を持たれた方は体験してみましょう。

なお、すべてのレッスンを行うにはユーザー登録が必要です。

▶ Hour of Codeのコースの例　図表14-4

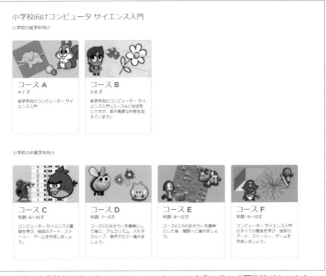

※この画面は本書執筆時点のものであり、コンテンツの内容は変わる可能性があります

ワンポイント　Code.orgとScratchの違い

Code.orgは、ここで体験したように、問題をどうすれば解くことができるかを考え、ブロックでプログラミングし、「コンピュータに命令を出すこと」や「プログラムの組み方」を学ぶ内容です。

一方、Scratchは自分自身で何かを作ろうとプログラミングするためのツールです。

Lesson 15 ［プログラミングの体験］
その他の学習ツールも体験してみよう

このレッスンのポイント

プログラミングを学べる無料サービスは他にもあります。ここではマイクロソフトやグーグルなどが提供するサービスを紹介します。すべてに取り組む必要はありませんので、好みのものがあれば体験してみましょう。

○ マイクロソフトのMakeCodeを体験してみる

Microsoft MakeCodeはオープンソースのプログラミング学習ツールです（以下、MakeCodeと略記）。ビジュアルプログラミング言語とJavaScriptを使い、ウェブサイト上でプログラミングを行うことができます。本書執筆時点では、micro:bitと

いう、イギリス生まれの小型の電子装置、MinecraftやLEGO MINDSTORMを題材にしたプログラミング、Arcadeという携帯型ゲーム機などのプログラミングを学習できます。

▶ Microsoft MakeCodeのウェブサイト　**図表15-1**

https://www.microsoft.com/ja-jp/makecode

このレッスンではmicro:bit の「プログラミングを体験します

○ 学習用小型コンピュータmicro:bitについて

micro:bitは英国放送協会（BBC）が中心となり開発したシングルボードコンピュータ（1つの基盤の上にCPUや各種の素子が付いている装置）です。子どもたちの教育目的に作られたもので、出力のためのLEDや、入力のためのボタンが付いています。

▶ BBC Micro:bit（表と裏）図表15-2

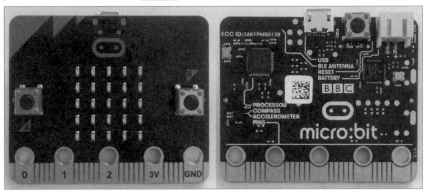

これは筆者が使っている micro:bit の写真です。左が表で、中央に 25 個の LED が並び、左右にボタンが 1 つずつ付いています。下にある 0、1、2、3V、GND に線をつなぎ、各種のセンサーやモーターなどを取り付けることができます

○ 本体がなくてもサイト上でプログラミングが可能

日本ではmicro:bitをネット通販で手に入れることができますが、本体がなくてもMakeCodeのサイトでこの装置のプログラミングを行うことができます。

実機があるに越したことはありませんが、「まずは体験したい」という方にはぴったりでしょう。何より、Lesson 12でも触れた「入力」「計算（演算）」「出力」というプロセスを視覚的に体験するにはうってつけの教材です。Scratch や Hour of Codeのように、MakeCodeのプログラミングもブロックを組み合わせて行うことができます。

○ micro:bitのプログラミングを開始する

1 MakeCodeの公式サイトへアクセスする

1 パソコンのウェブブラウザで、下記URLへアクセスします。
https://www.microsoft.com/ja-jp/makecode

2 トップページの [micro:bit] のリンクをクリックします。

> ### P POINT
> その他、MinecraftやLEGO MINDSTORMSなどの教材もトップページの画像やリンクをクリックして開始できます。

2 プロジェクトを作成する

1 [新しいプロジェクト] をクリックします。

2 プロジェクト名を入力しましょう。ここでは「テスト」という名前にしました。

3 [作成] をクリックします。

> ### P POINT
> [コードのオプション] をクリックすると、このプロジェクトを作成する言語をPythonやJavaScriptに変更することもできます。ここでは体験だけなので、デフォルト（ブロック）のまま説明を続けます。

NEXT PAGE ➔

○ micro:bitのプログラミングを行う

プロジェクトを開始するとmicro:bitのグラフィックが左側に、ブロック（命令）の種類が中央に、コードエリアが右側に分割表示されます。操作方法はScratchと同じように、[基本][入力]などの命令の種類からブロックを選び、それをコードエリアにドラッグ＆ドロップして組み合わせ、プログラムを作ります。

▶ プログラミングの画面 図表15-3

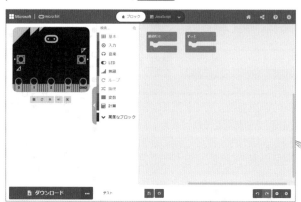

ここでは、はじめに音を鳴らしてから、LEDを○と×の形に点滅させ続けるプログラムを作ってみます

1 音を鳴らすプログラムを作成する

1 [音楽]のブロックから[メロディを鳴らす]を選択し、[最初だけ]のブロック内にドラッグ＆ドロップして配置します。

2 [♪]アイコンをクリックして、[ギャラリー]から好きな音を選択します（ここでは[Scale]を選択）。

3 ブロックを配置すると、左のmicro:bitの色が変わり、指定した音が鳴ります。

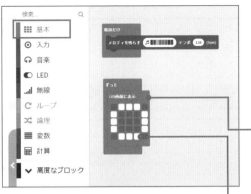

2 LEDのプログラムを作成する

手順1で作成した音を鳴らすプログラムの下に［ずっと］のブロックを移動させておきます。

1 ［基本］のブロックから［LED画面に表示］を選択し、［ずっと］のブロック内にドラッグ＆ドロップして配置します。

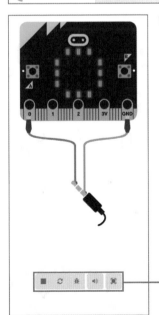

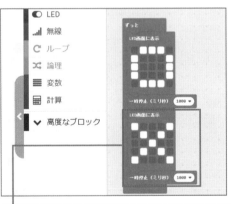

2 ［LED画面に表示］のブロック内の□をクリックして、円の形を描くように塗りつぶします。

3 ［基本］のブロックから［一時停止（ミリ秒）］のブロックを選択し、［LED画面に表示］の下に配置します。

4 一時停止時間を［1 second］（1000ミリ秒）に指定します。

5 さらにその下に、同じ手順で［LED画面に表示］のブロックを配置して、今度は×の形に塗りつぶします。一時停止のブロックも同様に追加します。

6 micro:bitの画像の下の再生ボタンを押して、プログラムの動作を確認します。

Chapter 2　文系でも絶対に挫折しない最適学習のススメ

○ グーグルが提供するブロックリー・ゲームの紹介

ブロックリー・ゲームはグーグルが提供するプログラミング教材です。コンピュータゲーム感覚でプログラムをつないで課題を解く内容で、プログラミングの基礎を体験できます。

ただし、このサービスは本書執筆時点ではベータ版（開発途中段階）で、内容やURLが変更される可能性があります。最大手IT企業が手掛けるサービスなので、今後の展開も期待できるでしょう。

▶ ブロックリー・ゲーム 図表15-4

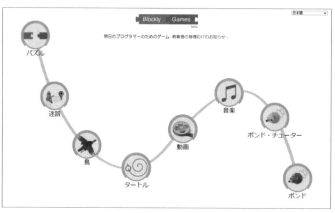

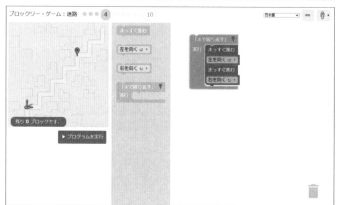

https://blockly.games/

「パズル」や「迷路」といった教材ごとに表示されるチュートリアルに従えば、Scratchと同じような感覚でプログラミングできます

○ 無料で使える様々なツールがある

ここで取り上げた以外にも、無料でプログラミングを学習できる様々なサービスやツールがあります。例えばアップルはSwiftというプログラミング言語を学べるSwift Playgroundsというツールを提供しています。Swiftはアップルのコンピュータ機器のソフトウェアを開発するための言語です。MacやiPadをお使いの方は次のサイトを覗いてみましょう。

▶ Swift Playgrounds 図表15-5

https://www.apple.com/jp/swift/playgrounds/
下の画面はiPad版。様々な教材が選べる

> プログラミングの体験はいかがでしたでしょうか？　プログラムとは命令の組み合わせによって、思い通りの処理を行うといったイメージが得られれば、しめたものです。現時点では概要がわかればOKです。次の章からScratchでゲームを作りながらプログラミングを学びます。そこで理解を深めていきましょう

ⓘ COLUMN

学んだことを誰かに伝えよう

本書を片手に黙々と学習を進めるのもよいですが、学んだことをネットで発信してみてはいかがでしょうか。例えば、その日に学んだことをブログやSNSに書き込むのです。それを行う理由は、学習内容を振り返りながら文章にすることで、頭の中を整理できるからです。完全には理解できていない部分があれば、それに気づくこともできます。「ここがわからない」というところがあれば、いずれ理解すべき項目として、それをメモしておくのもよいでしょう。メモしておかなければ忘れてしまうような事柄も、ブログやSNSに書いておくことで備忘録としても活用できます。

本とパソコンで学習しながら、ネット上のサービスを利用し、学んだことをスマホで見直す――そんな学習スタイルは、現代ならではのスマートな学び方といえるのではないでしょうか。

もし、ネットに書き込むのは気が引けるという方は、学んだことをご家族に伝えてはいかがでしょう。夫婦間で教え合うもよし、お子さんのいらっしゃる方は、学んだ知識をぜひ伝えてください。また年配の両親や祖父母がコンピュータに興味はないとしても、昨今の著しい技術進歩などを世間話として教えてあげるのもよいことではないでしょうか。これからの時代、誰もがコンピュータに明るくなるに越したことはないのですから。

▶ ネットに書き込んだり、家族に教えたりする　図表15-6

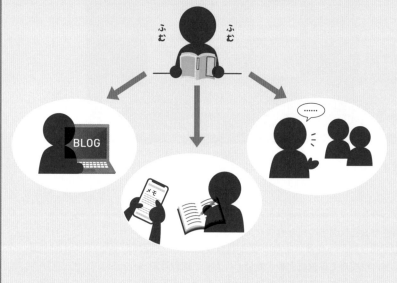

Chapter

3

プログラミングの学習を
はじめよう

この章から本格的にプログラミン
グを開始し、コンピュータのプロ
グラムとはどのようなものかを理
解していきます。

16 [Scratchの導入①]
Scratchのプロジェクトの管理とファイルについて

このレッスンのポイント

この章からScratchを使って、**本格的なプログラミングの学習に入ります。**ご存じの方は読み飛ばしても構いませんが、**Scratchで作ったプログラムを保存する方法、ファイルの拡張子など、**事前に知っておきたい知識を説明します。

○ プロジェクトについて

Scratchで作った作品は「プロジェクト」と呼ばれます。プロジェクトは名前を付けてインターネット上に保存したり、お使いのパソコンにダウンロードして保存しておくことができます。

プロジェクトをネット上に保存すると、複数の作品が一覧表示され、一目で確認できます。作品の管理がしやすいので、本書はネットにプロジェクトを保存する方法をおすすめします。そのためにはScratchのユーザー登録（アカウントの作成）が必要なので、まずはその方法を説明します。

▶ Scratchのプロジェクト一覧 図表16-1

Scratch のプロジェクトは、プログラム（コード）と、用いている画像や音の素材一式を意味します

● ユーザー登録の仕方

1 Scratch公式サイトにアクセスする

1 パソコンのウェブブラウザで、下記URLへアクセスします
https://scratch.mit.edu/

2 トップページ右上にある [Scratchに参加しよう] をクリックします。

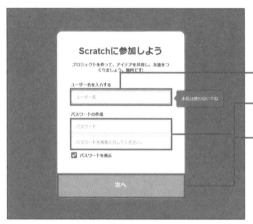

2 ユーザー登録を行う

1 ユーザー名を入力します。

2 パスワードを作成します。

3 [次へ] をクリックします。

ⓟ POINT
他のユーザーがすでに使っているユーザー名は登録できません。

4 住んでいる国または地域を選択します（通常は [Japan] を選択）。

5 [次へ] をクリックします。

ⓟ POINT
その他、生まれた月と年、性別など似たようなアンケートが表示されますが、画面の指示に従って必要な情報を入力しましょう。

6 メールアドレスを入力します。

7 ［アカウントを作成する］を
クリックします。

P POINT
入力者がロボットやAIでないこ
とを確認するために、［○○の画
像をすべて選択してください］と
表示されることがあります。その
場合、「○○」に該当する画像を
選択し、先へ進みましょう。

8 ［はじめよう］をクリックし
ます。

登録したメールアドレス宛に、ユ
ーザー認証のためのメールが
Scratchから届きます。メールを受
信してみましょう。

9 Scratchから届いたメールを開
き、［アカウントを認証する］
をクリックします。これでユ
ーザー登録は完了です。

P POINT
Scratchは海外生まれのサービス
なので、認証メールが迷惑メール
フォルダに入っていないか、念の
ため確認しましょう。

登録したユーザー名とパスワードで
ログインすると、プロジェクトを
ネットワーク上に保存できます

○ プロジェクトをネット上に保存する、ネットから開く

プロジェクトはアカウントに関連付けられる形で、ネットに保存しておけます。パソコンのウェブブラウザから前ページで登録したユーザー名とパスワードでサインインして行いましょう。なお、プロジェクトは必ずしもプログラムを作り込んでから保存する必要はなく、プログラム作成画面を開いた時点ですぐに行えます。

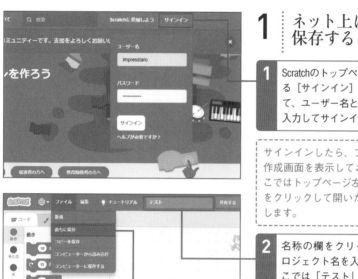

1 ネット上に保存する

1 Scratchのトップページ右上にある [サインイン] をクリックして、ユーザー名とパスワードを入力してサインインします。

サインインしたら、プログラムの作成画面を表示しておきます。ここではトップページ左上の [作る] をクリックして開いた画面で説明します。

2 名称の欄をクリックして、プロジェクト名を入力します(ここでは「テスト」と入力)。

3 画面左上の [ファイル]→[直ちに保存]をクリックすると、プロジェクトがネット上に保存されます。

Point　保存状態の確認

一度ネット上にプロジェクトを保存すると、画面右上に [直ちに保存] というメニューが表示されるようになります。クリックすると、現在開いているプロジェクトをすぐに上書き保存できます。また、一定時間保存しないままだとプロジェクトは自動保存され、「プロジェクトが保存されました。」と表示されます。

1 Scratchにサインインしておきます。

2 ユーザー名の左にあるフォルダの形をしたアイコン（私の作品）をクリックします。

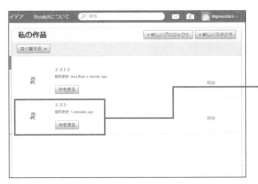

「私の作品」という枠内に、ネット上に保存したプロジェクトが一覧表示されます。

3 プロジェクトをクリックします。

4 ［中を見る］をクリックします。

プロジェクトが開き、プログラミングの続きを行えます。

この画面で ▶ をクリックすると、作成中のプログラムの動作を確認することもできます

○ プロジェクトをパソコンに保存する、パソコンから読み込む

プロジェクトはパソコンにダウンロードして保存しておくこともできます。保存したプロジェクトは、パソコンから読み込むことで、プログラミングの続きを再開できます。プロジェクトの保存と読み込みの操作は、Scratchへサインインしなくても行えますが、インターネット環境への接続は必要となります。

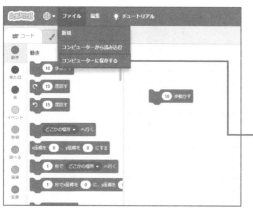

1 パソコンに保存する

> Scratchへのサインインは必須ではありません。この手順では、サインインなしで説明します。

1 プログラムの作成画面で、左上の [ファイル] → [コンピュータに保存する] をクリックします。

2 ファイルがダウンロードされたことがブラウザに表示されます。

> ダウンロードの表示方法は、ブラウザの種類やバージョンによって異なります。

👍 ワンポイント Scratchプロジェクトのファイル名について

パソコンに保存したファイルは、Windows、Macともに、通常「ダウンロード」フォルダに入ります。ファイル名は、Scratchにサインインしていれば「開発画面で入力したタイトル.sb3」、サインインしていないなら「Scratchのプロジェクト.sb3」になります。
拡張子を表示していないパソコンでは「.sb3」は表示されません。拡張子に

ついては、このレッスンの最後を参考にしてください。

NEXT PAGE ➡ 083

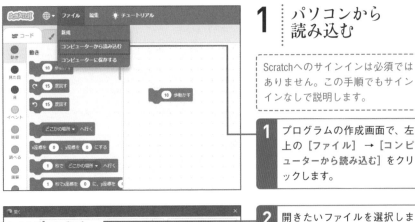

1 パソコンから読み込む

Scratchへのサインインは必須ではありません。この手順でもサインインなしで説明します。

1 プログラムの作成画面で、左上の［ファイル］→［コンピューターから読み込む］をクリックします。

2 開きたいファイルを選択します。

3 ［開く］をクリックします。

ⓟ POINT
ファイルを開く際の画面は、お使いのパソコン環境によって異なります。

⭕ ファイルの拡張子について

拡張子とは、ファイル名のお尻に付く、ファイルの種類を表す文字列のことです（図表16-2）。ソフトウェアを開発する時は、一般的に拡張子を表示します。拡張子がわかると、プログラムや開発に使うファイルを管理しやすいからです。WindowsとMacの拡張子の表示方法をお伝えします。

▶ ファイルの拡張子 図表16-2

Scratchのプロジェクト.sb3

ファイル名　　拡張子

○ Windowsで拡張子を表示する

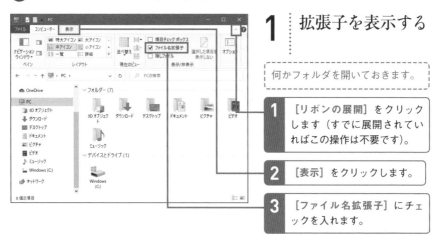

1 拡張子を表示する

何かフォルダを開いておきます。

1 [リボンの展開]をクリックします（すでに展開されていればこの操作は不要です）。

2 [表示]をクリックします。

3 [ファイル名拡張子]にチェックを入れます。

○ Macで拡張子を表示する

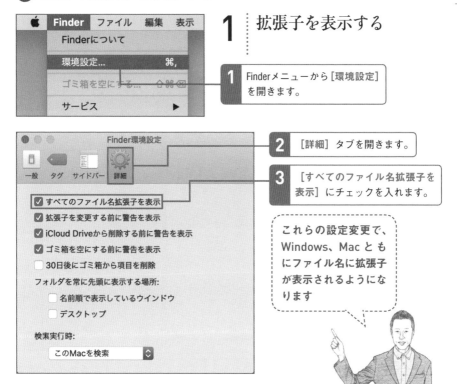

1 拡張子を表示する

1 Finderメニューから[環境設定]を開きます。

2 [詳細]タブを開きます。

3 [すべてのファイル名拡張子を表示]にチェックを入れます。

これらの設定変更で、Windows、Mac ともにファイル名に拡張子が表示されるようになります

17

Scratchの画面構成と各部ボタンについて

**このレッスンの
ポイント**

このレッスンでは、**Scratchの画面構成**について説明します。実際にプログラミングの学習を始める前に、各部の役割とボタンなどの機能がどのようなものかを知っておきましょう。

⭕ Scratchの画面構成

Scratchのメニューから［作る］を選択すると、プログラムの作成画面に切り替わ

ります。各部の名称とそれぞれの役割・機能について説明します。

▶ Scratchの画面構成 図表17-1

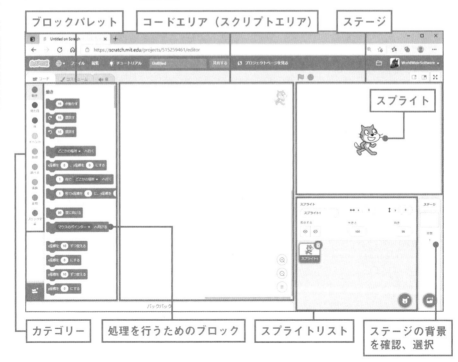

ブロックパレット　コードエリア（スクリプトエリア）　ステージ

スプライト

カテゴリー　処理を行うためのブロック　スプライトリスト　ステージの背景を確認、選択

○ ブロックパレット

様々なブロックが並んでいます。
ここには「●動き」「●見た目」など、ブロックをカテゴリー分けした文字が並んでいます。そこをクリックすると、それぞれの機能を持ったブロックの先頭に移動します。

▶ ブロックパレットの例 図表17-2

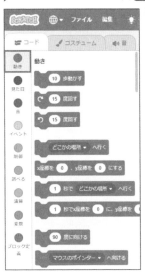
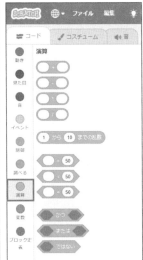

例えば計算に関する処理を行いたいなら、「●演算」をクリックして、計算に関するブロックの先頭に移動すると、目的のブロックをすぐに見つけることができます

○ コードエリア（スクリプトエリア）

ブロックパレットからブロックをドラッグ＆ドロップして配置し、プログラムを組むエリアです。ブロックは右クリックすると削除や複製ができます。

▶ ブロックの組み合わせ例 図表17-3

Scratch のプログラムはスクリプトとも呼ばれます。Scratch ではプログラム＝コード＝スクリプトと考えましょう。初学者の方は、語の使い分けを気にする必要はありません

右クリックすると表示される

○ ステージとスプライトリスト

ステージには、スプライトと背景が表示されます。画面上で動くキャラクターなどの画像をスプライトと呼びますが、その動き方とともにプログラムの処理を確認できます（図表17-4）。また、スプライ

トリストには、ステージに配置されているスプライトが、その隣には現在使っている背景画像が表示されます（図表17-5）。スプライトも背景もScratchに用意された画像を使用できます。

▶ ステージ 図表17-4

ステージに配置された
スプライトは、マウス
でドラッグして位置を
変更できます

▶ スプライトリスト 図表17-5

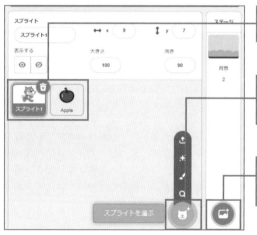

ステージに配置されているスプライトが一覧表示される

クリックすると、Scratch に
用意されたスプライトをスプ
ライトリストに追加できる

クリックすると、Scratch に
用意された背景を読み込むこ
とができる

自分で画像をアップロードしてスプライトにすることもできます。また Scratch には絵を描く機能があり、スプライトを自分で作ることもできます

◯ ステージの上のボタンについて

ステージの上にある▶と●をクリックすることでプログラムの処理を開始したり、停止したりできます。
▢をクリックすると、ステージを小さくし、コードエリアを広くすることができます。

元の大きさに戻すには▢をクリックします。また、🖵をクリックすると、ステージを最大の大きさにすることができます。完成した作品を実行する時に使うとよいでしょう。

▶ ステージ上のボタン 図表17-6

▶をクリックするとプログラムの処理が開始され、●をクリックすると停止する

クリックするたびに、コードエリアとステージのサイズを切り替える

ステージを最大表示にする

👍 ワンポイント　仕様書について

商用のソフトウェア開発では、プログラミングに入る前に、どのようなソフトウェアを完成させるかを記した仕様書を用意します。仕様書はプログラムの設計図のようなものです。そこには処理の流れを示すフローチャートや、ユーザーインタフェースの略図などが記され、どのようなプログラムを組めばよいかわかるようになっています。Scratchによるプログラミングでは、開発前にそのような書面を用意する必要はありません。Scratchでは、命令（ブロック）をどう組み合わせれば目的の処理が作れるかを、ブロックを置いて試行錯誤しながら制作を進めればよいのです。

本書では制作するゲームの大まかな内容をお伝えし、その完成を目指して段階的にブロックを加えていく形で開発していきます。

[ゲーム制作で学ぶ理由]

18 なぜプログラミングを ゲーム制作で学ぶのか

このレッスンの ポイント

次のレッスンからゲーム制作に入りますが、その前にゲームを作ってプログラミングを学ぶ意味をお伝えします。「プログラミングの勉強って難しそう」と思っている方は、ぜひこのレッスンをお読みください。

◯ ゲーム制作で学ぶメリット

本書ではゲームを作ることでプログラミングを学びます。その理由は、本当にプレイして「面白い」と思えるゲームを作りながらプログラミングを学べば、学ぶことそのものが楽しい作業となるからです。筆者の本業はゲームクリエイターで

す。「面白い」「楽しい」と思えるゲーム制作の勘所を心得ていると自負しています。本書では、苦手意識のある方でも簡単な手順で作成できるゲームのプログラムをサンプルにしますので、ぜひ筆者を信じて取り組んでみてください。

▶ 楽しみながら学ぶ 図表18-1

本当に美味しい料理を出されて、それまで苦手だった食べ物が好きになることがあります。本当に面白いゲームを題材に取り組めば、プログラミングの学習も楽しくなりますよ

◯ ビジュアルプログラミング言語で誰もがゲームを作れる

「プログラミングの勉強」という言葉を聞くと、難しそうで手を出しにくいと考える方が多いのではないでしょうか。また「ゲームを作ろう」と言われても、やはり難しいと思われる方がいらっしゃるでしょう。もちろん高度なゲームを作るには高い技術力が必要で、そのようなプログラミング技術を習得するには、長い学習時間と努力が欠かせません。

しかし簡単なゲームなら、プログラミングの基礎を学べば、誰でも作ることができます。特にビジュアルプログラミング言語を用いれば、小さなお子様から年配の方まで、もちろん文系の方も、自分の力でゲームを完成させることができるのです。本書で実際にそれを体験しましょう。

> ビジュアルプログラミング言語では誰もが気軽に学習を行うことができます

◯ アルゴリズムの知識も身につく

ゲーム制作のメリットは、楽しみながら学べるだけではありません。ゲームを作ることでアルゴリズムについての知識も深まります。アルゴリズムとは問題を解決する手順のことです。コンピュータのプログラムにおけるアルゴリズムとは、ある処理を行う手順をどう記述すべきかを意味するものです。

ゲームのプログラムは、ゲームのルールを実現するために、様々なアルゴリズムを組み合わせて作ります。ある程度複雑なコンピュータゲームはアルゴリズムの塊であると言えます。

ゲームを作る時に必要なアルゴリズムの例として、2つの物体が接触したかを判定する「ヒットチェック」というものがありますが、そういった例も次章からのサンプル作成で紹介していきます。

ゲームに限らず、ソフトウェア開発では、何らかのアルゴリズムをプログラミングすることが多いものです。ゲーム制作を通してプログラミングの学習を進めれば、多くのソフトウェア開発で必要なアルゴリズムへの理解も深まります。

> アルゴリズム＝難しいと考える必要はありません。単純なアルゴリズムもたくさんあります。プログラミングを学ぶ上でアルゴリズムは大切なものなので、Lesson 42 でもう一度、説明します

19 プログラミング初心者向けに どのようなゲームを作るのか

このレッスンの
ポイント

この章と次の章に分けて、「スカッシュ」というゲームを作っていきます。まずは操作方法とルールを確認し、スカッシュを作る理由、このゲームを1つだけじっくり作ることで学べる事柄について説明します。

◯ 制作するゲームの内容

「スカッシュ」はボールをバーで打ち返すゲームです。テニスの壁打ちといったら、わかりやすいかもしれません。本書ではScratchでプログラミングし、プレイできるところまで仕上げます。完成後の画面、操作方法とルールは次の通りです。

▶ スカッシュのプレイ画面 図表19-1

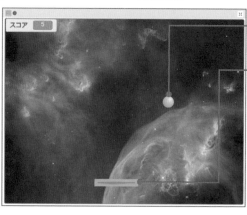

ボール
これを打ち返す

バー
プレイヤーが操作する

▶ 操作方法とルール

- 左右のカーソルキーでバーを左右に動かします
- ボールは画面内を自動的に移動し、画面の左端、右端、上端で跳ね返ります
- バーにボールを当てると、上に向かって打ち返され、スコアが増えます
- ボールを打ち返せず、画面下端に行ってしまうとゲームオーバーです

○ スカッシュを作る理由

1970年代、一般家庭にコンピュータが普及し始めると、コンピュータゲームが新たな娯楽として知られるようになりました。その時代に作られたのがスカッシュのようなシンプルなゲームです。代表例として、ATARIの『PONG』(1972年) が大ヒットしたことを覚えている方もいるかもしれません。当時のコンピュータは今と比べて非力で、できることは限られていましたが、入力、計算（演算）、出力などの基本的なコンピュータの機能は、今も昔も変わりありません。スカッシュのような初期のゲームは、コンピュータの最も基本となる仕組みで作られたものです。そのようなゲームを作ることで、コンピュータの基本的な動作を学ぶことができます。

▶ ATARIの『PONG』 図表19-2

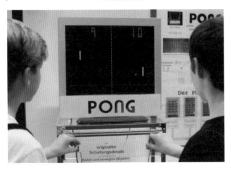

2018年、欧州最大級のゲーム見本市「ゲームズコム」に展示されたATARIの『PONG』をプレイする人
（写真：ロイター/アフロ）

○ ゲームを1つ作ることで学べること

本書は、文系やプログラミング未経験の方に知っていただきたいプログラミングの基礎知識（入力と出力、変数、条件分岐、繰り返し）を、ゲームを作りながら学べる内容になっています。

制作するゲームをシンプルなもの1つに限定したのは、あまり時間をかけず最短で学習できるようにするため。そして、プログラミングの基礎知識を「ただ覚えるだけ」のような苦しい作業にはせず、ゲーム制作という楽しい作業を通じて、しっかり理解していただきたいという思いからです。これ1つ作れば、基礎は身につきます。ぜひ、取り組んでみてください。

学問もスポーツも楽しく学べば上達は早いものです。楽しみながらゲームを作っていきましょう

20 [ゲーム制作の準備]
スカッシュ作成のための 新しいプロジェクトを作ろう

このレッスンの ポイント

Scratchにサインインして新しいプロジェクトを作り、ゲーム制作を始めます。プロジェクトの作り方はLesson 16の通りですが、スカッシュ作成のための手順として改めて紹介します。不安な方はこの通りに進めてください。

● スカッシュのプロジェクトを作る

Scratchのトップページの右上にユーザー名が表示されていないなら、登録したユーザー名とパスワードでサインインしましょう。サインインなしで本書の学習を進めることもできますが、その場合は学習を中断する時、制作中のプロジェクトをパソコンにダウンロードして保存し、学習再開時に、そのプロジェクトを読み込んで続きを再開してください。プロジェクト作成の手順は次の通りです。

1 サインインする

1 Scratchのトップページ右上にユーザー名が表示されていなければ、[サインイン]をクリックします。

2 ユーザー名とパスワードを入力し、[サインイン]をクリックします。

2 プロジェクトを作る

1 [作る]をクリックします。

プログラム作成画面に切り替わり、プロジェクトが作成されます。

2 画面上のプロジェクト名をクリックして、入力欄にタイトルを入力します。ここでは例として、「スカッシュ」と入力しています。

タイトルは自由に決めてかまいません

○ スクラッチキャットは削除しておく

新規プロジェクト作成時には必ずスクラッチキャットが「スプライト1」という名称で設定されていますが、スカッシュ作成には不要です。こちらは使わないので削除しておきましょう。スカッシュ向けのスプライトを読み込ませる方法は、次のレッスンで説明します。

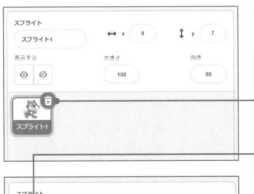

1 不要なスプライトを削除する

1 スプライトリストにある「スプライト1」の右上に表示されるゴミ箱のアイコンをクリックします。

2 スクラッチキャットのスプライトが消えるのを確認します。

スプライトを削除するとステージにも表示されなくなります

[画面の座標]

21 ステージの座標を確認し バーのスプライトを表示する

このレッスンの
ポイント

グラフィックスを用いたソフトウェアを作るには、コンピュータの画面の座標について知る必要があります。ここではScratchのステージについて説明した後、プレイヤーが動かすバーのスプライトをステージに表示します。

◯ ステージの座標について

Scratchのステージは幅480ドット、高さ360ドットの大きさで、図表21-1 のような座標になっています。Scratchの座標は、数学で学ぶ二次元平面の図と一緒です。

しかし一般的にコンピュータの座標は画面の左上角が原点で、y軸は数学と逆向きで、下に行くほど値が大きくなることも知っておくとよいでしょう。

▶ ステージの座標 図表21-1

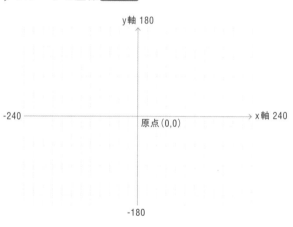

- ● ステージ中央：原点（0,0）
- ● 横方向：x軸。x座標の値は -240 から 240
- ● 縦方向：y軸。y座標の値は -180 から 180

● スプライトをステージに追加する

前レッスンでスクラッチキャットを削除したので、今はステージに何も表示されていない状態です。スカッシュ作成のた

めに必要なスプライトのうち、プレイヤーが操作するバーのスプライトをまずはステージに追加します。

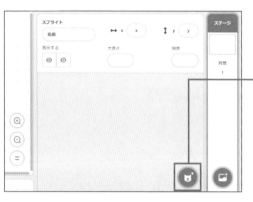

1 スプライトを選ぶ

1 スプライトリストの右下のアイコンをクリックします。

スプライトを選ぶ画面に切り替わります。

2 画面を下にスクロールしたところにある [Paddle] をクリックして選択してください。

プログラム作成画面に切り替わります。

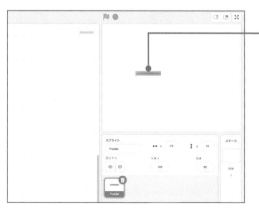

3 ステージにPaddleのスプライトが表示されます。

以後は、このスプライトを「バー」と呼んで説明します

○ スプライトの位置を変える

現在、バーはステージ上の中途半端な位置にあります。これをゲームが気持ちよく始められるように、画面下の真ん中へ移動させます。

ステージ上のスプライトは、次の3つのいずれかの方法で位置を変更できます。

ここでは②のキーボードから座標値を入力する方法でバーの位置を変更します。下記の手順のように、xを0、yを-140にしましょう。数値は半角文字で入力してください。

▶ スプライトの位置を変更する方法

① スプライトをドラッグ＆ドロップして移動する
② x座標、y座標の値をキーボードから入力する
③ ブロックを使って座標を指定する

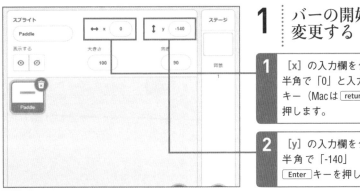

1 バーの開始位置を変更する

1 [x]の入力欄をクリックして、半角で「0」と入力し、Enterキー（Macはreturnキー）を押します。

2 [y]の入力欄をクリックして、半角で「-140」と入力し、Enterキーを押します。

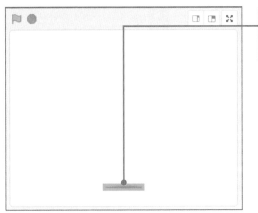

3 バーのスプライトがx軸＝0、y軸＝-140の位置に移動したのを確認します。

冒頭で示した座標の図も
見返してみましょう

プロジェクトの自動保存について

Lesson 16でも説明しましたが、Scratchに
サインインしていれば、変更したプロジ
ェクトの内容が一定時間経過後に、自動
保存されます。ただし、一定時間が経過
せず、自動保存されないままブラウザを
閉じようとすると、「サイトから移動しま
すか？ 変更内容が保存されない可能性
があります。」と注意のメッセージが表

示されます。その場合は、［キャンセル］
をクリックしてメッセージを閉じ、手動
でプロジェクトを保存しましょう。
手動で保存するには、ウィンドウ右上に
表示される［直ちに保存］をクリックし
ます。大事なプロジェクトの場合は、う
っかり消してしまわないよう、こまめに
手動で保存しておくと安心です。

▶ **自動保存** 図表21-2

一定時間経過後に、自動保存
されたときのメッセージ

▶ **保存されていない時のメッセージ** 図表21-3

保存されていない時にブラウザを閉じ
ようとすると表示されるメッセージ。
この場合は［キャンセル］をクリック

手動で保存する場合は［直ちに保存］を
クリック。これで最新のプロジェクトの
状態が保存される

次のレッスンでは、ブロックを使って
バーの座標を変え、左右キーでバーを
動かせるようにします

22 バーを左右に動かす処理で「キー入力」の基本を学ぶ

このレッスンの
ポイント

Lesson 12でお伝えしたように、プログラムの処理の中でも大切な機能の1つとして「入力」を挙げました。ここでは、「左右のカーソルキーを押すと、バーが左右に動く」という処理をプログラミングし、「キー入力」の方法を学びます。

◯ ここで作るプログラム

前レッスンではバーのスプライトをステージ上に配置しましたが、まだ動かすことはできません。プレイヤーが動かせるようにするには、キーボードの入力があった時に正しい処理を行うようにプログラムする必要があります。ここでは、「キー入力があった時、バーの座標を変化させることで、バーを左右どちらかに動かす」プログラムを作り、その処理を実現します。

このレッスンは「キー入力の
やり方を覚える」という意識
で読み進めましょう

◯ Scratchでキー入力を受け付けるには

Scratchでキー入力を受け付けるには、次の2つの方法があります。このレッスンでは、より簡単に入力を受け付けることができる①の方法を用います。

ただしゲームとしての操作性をよくするには、②を使った方がよいこともあります。こちらについては、Lesson 28のワンポイントで紹介します。

▶ キー入力を受け付ける方法

① [　イベント] にある [スペース▼キーが押されたとき] のブロックを使う
② [●制御] にある [もし～なら] と、[●調べる] にある [スペース▼キーが押された] を組み合わせて使う

○ キー入力のプログラムを組む

［●イベント］の［スペース▼キーが押されたとき］のブロックは、パソコンのキーボードの様々なキーを選択して、そのキーに対する処理を追加できます。

ここでは、バーを左右に動かしたいので、キーボードの左右のカーソルキーを選択し、それぞれに処理を追加します。

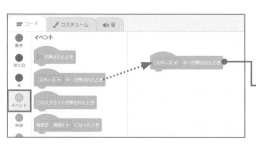

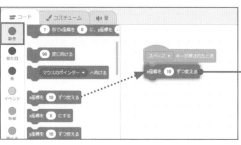

1 ［●イベント］にある［スペース▼キーが押されたとき］をコードエリアにドラッグ＆ドロップします。

2 ［●動き］にある［x座標を10ずつ変える］をその下にドラッグ＆ドロップでつなげます。

> キー入力は左と右の2つが必要なので、同じブロックをもう1セット配置します。

3 同じ手順で［スペース▼キーが押されたとき］と［x座標を10ずつ変える］のセットを右側に配置しておきます。

👍ワンポイント　ブロックを素早く選択する

黄色のブロックの［スペース▼キーが押されたとき］は［●イベント］にあります。青いブロックの［x座標を10ずつ変える］は［●動き］にあります。

ブロックを選ぶ時、その色と「●イベント」や「●動き」の●の色を手掛かりにして、すぐに見つけることができます。

Chapter 3

プログラミングの学習をはじめよう

2 ┊ キー入力の向きを変える

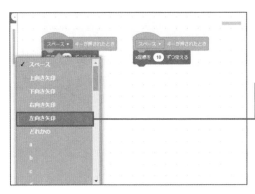

1 左側のブロックの［スペース▼］をクリックし、［左向き矢印］を選択します。

> このプログラミングで、キー入力がスペースキーから左向きのカーソルキーに変更されました。

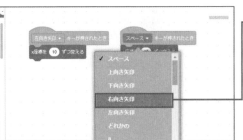

2 同じように、今度は右側のブロックの［スペース▼］をクリックし、［右向き矢印］を選択します。

> このプログラミングで、キー入力がスペースキーから右向きのカーソルキーに変更されました。

3 ┊ 処理をプログラムする

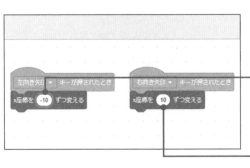

1 左側のブロックの［x座標を10ずつ変える］の「10」をクリックし、「-10」と半角で入力します。

2 こちらの値は変更しません。

▶ プログラムの全体 図表22-1

> 4つのブロックを配置したことを確認しましょう

○ 動作を確認する

このプログラムの動作を確認します。前章のScratchの体験では、▶をクリックした時にプログラムが動くようにしましたが、このプログラムは左右のカーソルキーを押すことで動作します。ステージ上のバーが動くことを確認しましょう。

▶ **左右のキー操作でバーを動かす** 図表22-2

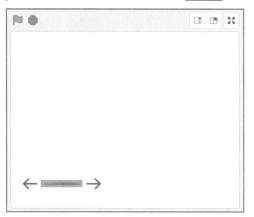

左右のカーソルキーを押す、押し続けるという操作をしてみてください

○ 改良する

バーがキー入力に応じて動きますが、左あるいは右に動かし続けると、ステージの端に食い込みます。[●動き]にある[もし端に着いたら、跳ね返る]のブロックで、画面端に入り込まないようにすることができます。このブロックを次ページのように追加しましょう。

▶ **改良したい部分** 図表22-3

現状だとバーが左右の端にめり込んでしまいます

▶ ステージ端の処理を追加する 図表22-4

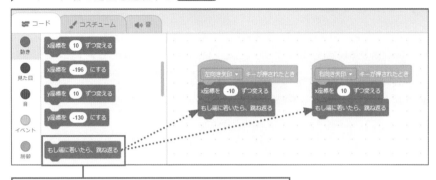

左右のブロックの一番下に、[●動き] → [もし端に
着いたら、跳ね返る] をそれぞれ追加

▶ プログラムが改良された 図表22-5

左右キーでバーを動かし、ス
テージ端にめり込まなくなっ
たことを確認しましょう

○ プログラムの説明

このレッスンで作ったプログラムは、次
ページにまとめた処理を行うものです。
Scratchのステージは Lesson 21の 図表21-1
のように、左へ行くほどx座標の値が小
さくなり、右へ行くほどx座標の値が大き
くなります。[x座標を-10ずつ変える] が

バーを左に移動させる処理で、[x座標を
10ずつ変える] がバーを右に移動させる
処理です。
またここでは [もし端に着いたら、跳ね返
る] のブロックを加えて、ステージの左右
の端にバーが入らないようにしました。

- 左キーが押された時に x 座標を -10 ずつ変える
- 右キーが押された時に x 座標を 10 ずつ変える
- もしステージの端に着いたら、跳ね返る

○ どの言語にも当てはまる作り方を目指すには

Scratchでは［もし端に着いたら、跳ね返る］で、スプライトをステージの端に入らないようにすることができます。しかし他のプログラミング言語には、そのような機能はないので、物体を画面外に出したくないなら、座標の値が画面外にならないように計算する必要があります。

次章で学ぶボールの動きの計算では、ボールがステージ端に達したかを調べ、達したら跳ね返らせる処理をプログラミングします。その知識はどのプログラミング言語にも応用でき、この先で学ぶ物体（ボール）を動かす仕組みを理解すれば、他の言語でも物体の制御ができるようになります。

ここまでのプログラミングは、意外と簡単だったのではないでしょうか？ 本書では 1 レッスンごとに少しずつプログラミングを続けられるよう構成されていますので、自分のペースで学習していただけます。ぜひ完成させて、プログラミングの楽しさを味わってみてください！

👍 ワンポイント 入力について

入力とはコンピュータが何らかのデータを受け取ることです。最も基本的な入力は、キーボードからのキー入力と、マウス操作によるマウス入力です。他にマイクの音声入力やカメラの映像入力があります。

入力は人による操作だけではないことを知っておきましょう。例えばExcelフ

ァイルのデータを自動的に読み込んで処理するプログラムがあれば、コンピュータ自らがファイルに記されたデータを入力していきます。

このように、入力データを元に、何らかの処理（計算）を行い、結果を返すこと（出力）が、コンピュータとプログラムの基本動作になります。

ⓘ COLUMN

すべてのプログラミング言語に通じる知識を学ぼう

Scratchのサイトにあるチュートリアル動画で、実はスカッシュ（ピンポンゲーム）の作り方を知ることができます。しかしその作り方はScratchに特化したもので、同じ方法でプログラミングしても、C++、JavaScript、Pythonなど他の言語でスカッシュを作ることはでき

ません。
本書はどの言語にも共通するプログラミングの基礎知識を学ぶ入門書であり、Chapter 3～4で学ぶゲームの作り方は、他のプログラミング言語にも応用できる内容になっています。

▶ **本書のプログラムの特徴** 図表22-6

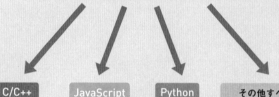

Scratchで学んだ基礎知識

入力と出力、変数、条件分岐、繰り返し など

C/C++　　JavaScript　　Python　　その他すべての
プログラミング言語

応 用 で き る！

あるプログラミング言語で作ったプログラムを別の言語で作り直すことや、あるハード用のソフトを別のハード用に作り直すことを「移植する」といいます。本書で学ぶ知識を使って、スカッシュを他のプログラミング言語に移植できます。ただし別のプログラミング言語でスカッシュを作るには、もちろんその言語の命令や基本文法を学ぶ必要があります

Chapter

4

プログラミングの
基礎知識を
身につけよう

前章に続いてゲームのプログラミングを進め、スカッシュを完成させます。ゲームを作りながらプログラミングに関する基礎知識を広めていきましょう。

[ボールの動き]

23 ボールの動きを表現する仕組みを知ろう

このレッスンのポイント

スカッシュにボールを配置すると、よりゲームらしくなり、やる気も上がります。ではコンピュータでボールの動きを表現するには、どのような仕組みで行うのでしょうか。ここでは変数とボールを動かす計算方法について説明します。

○ ボールのスプライトを配置する

ボールの動きを計算する前に、まずはステージにボールを置いてみましょう。そのほうが動かすイメージがグッとつかみやすくなります。Ballというスプライトがあるので、それを追加しましょう。ただし、このスプライトはゲーム用のボールとしては大きすぎるので、ボールのサイズを調整します。

1 スプライトを選択する

1 スプライトリスト右下のアイコンをクリックします。

2 スプライトが一覧表示されるので、[Ball] を選択します。

以後は、このスプライトを「ボール」と呼んで説明します

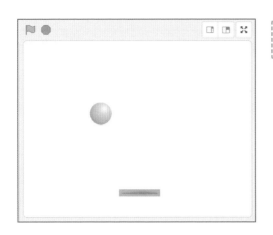

スプライトリストとステージにボールが表示されます。

バーと比べて見ると、ボールが大きすぎることがわかります

2 | ボールの大きさを変える

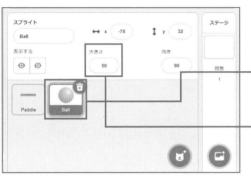

1 スプライトリストでボールをクリックします。

2 [大きさ]の欄に「50」と入力し、Enter キー（Mac は return キー）を押して、ボールのサイズを調整します。

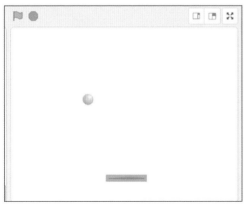

ボールのサイズが小さくなります。

数値は半角で入力してください。「100」が元の大きさで、例えば「200」と入力すると2倍の大きさになります

○ ボールを管理する変数について

Scratchのステージは二次元平面です。平面上にある物体の動きを計算するには、その物体の位置（座標）を代入する変数と、物体の動く速さを代入する変数を用意します。

変数とは数値を入れて扱う箱のようなものです。数学で「x=1」「y=2」などと記述して、変数で数を扱うことを学びますが、コンピュータの変数もそれと同じものです。

▶ 変数のイメージ 図表23-1

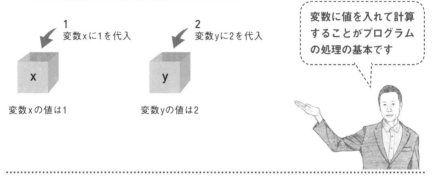

変数は値を入れておく箱のようなもの

1
変数xに1を代入

2
変数yに2を代入

x

y

変数xの値は1

変数yの値は2

変数に値を入れて計算することがプログラムの処理の基本です

○ スプライトの座標の変数

Scratchではスプライトをスプライトリストに追加すると、そのスプライトの座標を扱う変数が自動的に作成されます。［動き］にあるブロックを下に見ていくと、図表23-2のように［x座標］と［y座標］という変数が用意されています。

▶ 座標を扱う変数 図表23-2

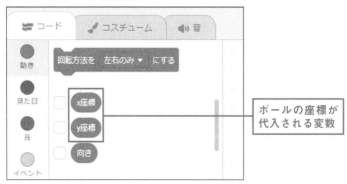

ボールの座標が代入される変数

スプライトごとの座標の変数と向きについて

ここで1つ注意点があります。図表23-2 はスプライトリストでボール（Ball）を選んでいるので、[x座標] と [y座標] はボールの座標が入る変数です。それに対して、スプライトリストでバー（Paddle）を選んだ時は、ブロックパレットの [x座標] と [y座標] はバーの座標が入る変数になります。この違いにご注意ください。

また、その下に [向き] という変数があり、その変数でスプライトが進む向きを定めることができますが、これから作るボールのプログラムで [向き] は使いません。ボールのx軸方向とy軸方向の移動量を代入する新たな変数を用意して、ボールの動きを計算します。

ボールの動きをどうプログラミングするか

このゲームのボールは平面上をいずれかの向きに進みます。プログラムでその動きを表現するには、様々な方法があります。本書ではボールがx軸方向に進む移動量とy軸方向に進む移動量を代入する変数を用意して、ボールの動きを計算します。ここでいう移動量とは1回の計算で座標が何ドット変化するかという値になります。

ボールの動きを計算するための変数を図表23-3 に示しました。ボールの座標は

Scratchが用意する [x座標] と [y座標] という変数に入ります。その他に、自分で [x軸方向の移動量] と [y軸方向の移動量] という2つの変数を用意します。

[x軸方向の移動量] には1回の計算で横に移動するドット数を代入し、[y軸方向の移動量] には1回の計算で縦に移動するドット数を代入します。これらの4つ変数を使って座標を計算し、ステージ内でボールを動かします。

▶ ボールの動きを管理する変数 図表23-3

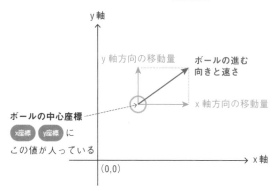

Chapter 4 プログラミングの基礎知識を身につけよう

⭕ ボールを動かし、ステージの端で跳ね返らせる

ボールを動かす具体的な計算方法は次のように行います。これらの計算を続けることで、ボールがステージの上下左右で跳ね返りながら動き続けます。

その他、ボールがステージ左に達した時、右に跳ね返らせる仕組みを 図表23-4 に示しました。この仕組みのプログラミングはLesson 24、25で行います。

▶ ボールを動かすための計算

① [x 座標] に [x 軸方向の移動量] を加え、x 座標を変化させる
② [y 座標] に [y 軸方向の移動量] を加え、y 座標を変化させる
③ ボールがステージの左あるいは右の端に達したら、[x 軸方向の移動量] の符号を反転し、x 軸（横）方向に進む向きを逆にする
④ ボールがステージの上あるいは下の端に達したら、[y 軸方向の移動量] の符号を反転し、y 軸（縦）方向に進む向きを逆にする

符号の反転とは、値がプラスであればマイナスに、マイナスであればプラスにすることです

▶ ボールを跳ね返らせる仕組み 図表23-4

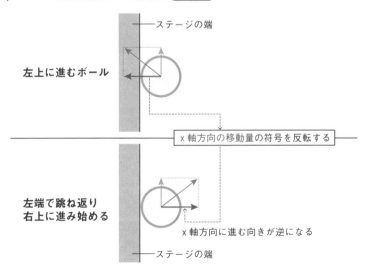

ステージの端

左上に進むボール

x 軸方向の移動量の符号を反転する

左端で跳ね返り
右上に進み始める

x 軸方向に進む向きが逆になる

ステージの端

24 [変数の計算と繰り返し]
ボールが自動的に動く処理を プログラミングする

このレッスンの ポイント

このレッスンと次のレッスンでボールの動きをプログラミングします。そのプログラムを作ることで、プログラミングの基礎知識である、変数を用いた計算と、繰り返しの処理について学ぶことができます。

○ ここで作るプログラム

前レッスンで説明した、ボールの座標を変化させる計算までを組み込みます。プログラムの処理を一定回数、あるいは

延々と続けることを「繰り返し」と言います。ボールを動かし続けるために、繰り返しを行うブロックを用います。

▶ 繰り返しの処理によりボールを移動させる 図表24-1

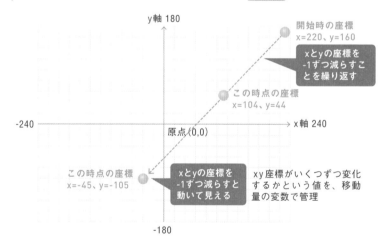

繰り返しは大切な基礎知識の1つです。このレッスンは変数による計算と繰り返しを学ぶという意識で読み進めましょう

NEXT PAGE ➡

○ 変数を作成する

ボールの移動量の値をx軸、y軸ごとに入れておくための変数を作成します。ここでは［x軸方向の移動量］と［y軸方向の移動量］という名称で、2つの変数を用意します。次の手順を参考に、作成してみましょう。

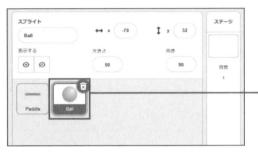

1 ボールのスプライトを選んでおく

1 ボールの動きをプログラミングするので、スプライトリスト内のボールをクリックし、選択した状態にしておきます。

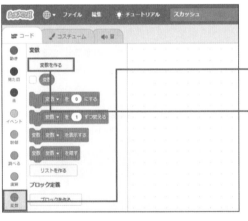

2 変数を作る

1 ［●変数］をクリックします。

2 ブロックパレット内にある［変数を作る］というボタンをクリックします。

このボタンから自分で変数を作ることができます。

3 変数名に［x軸方向の移動量］と入力します。

4 ［すべてのスプライト用］を選択します。こちらを選択すると、その変数をどのスプライトからも使うことができます。

5 ［OK］をクリックします。

3 2つ目の変数を作る

同じように操作して、[y軸方向の移動量] という名前で変数を作ります。

○ 作成した変数を確認しよう

2つの変数を用意すると、図表24-2のような画面になります。
ステージに変数を表示するか、しないかは、作った変数の左にあるチェックボックスで指定できます。チェックを外すとステージに変数が表示されなくなります。

▶ 作成した変数 図表24-2

変数を表示する
チェックボックス

変数の値がステージに
表示される

プログラムの内容を理解しやすいように、変数を
ステージに表示したまま制作を進め、ゲームを完
成させる時に消すようにします

○ ボールを動かすプログラムを組む

ボールの [x座標] に [x軸方向の移動量] を加え、[y座標] に [y軸方向の移動量] を加えるプログラムを作ります。
ボールのスプライトのコードエリアに、

次の手順のようにしてブロックを置きましょう。ブロックを置いたら、ブロックのいくつかの数値も変更します。

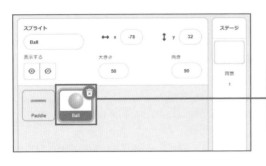

1 ボールのスプライトを選んでおく

1 ボールの動きをプログラミングするので、スプライトリスト内のボールをクリックし、選択した状態にしておきます。

2 ボールのはじめの位置を決める

1 [●イベント] のブロックパレット内にある [▶ が押されたとき] をコードエリアにドラッグします。

2 [●動き] のブロックパレット内にある [x座標を○、y座標を○にする] をその下にドラッグ＆ドロップしてつなげます。

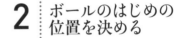

3 [x座標を○、y座標を○にする] のブロックのx座標に「220」、y座標に「160」と入力して [Enter] キー（Macは [return] キー）を押します。

ステージ上の▶をクリックすると、ボールが右上に移動します。この処理で、ゲーム開始時のボールの位置を決めたことになります。

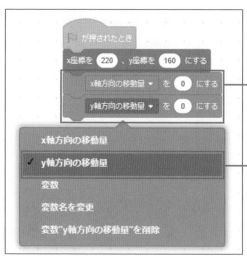

3 x軸とy軸の移動量を設定する

1 [●変数] のブロックパレット内にある [x軸方向の移動量▼を○にする] を2つドラッグ＆ドロップして、下につなげます。

2 一番下のブロックの [x軸方向の移動量▼] をクリックして、[y軸方向の移動量] に変更します。

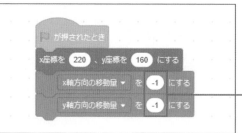

3 x軸方向とy軸方向、それぞれの移動量に「-1」と入力して、Enter キー（Macは return キー）を押します。

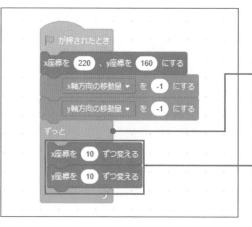

4 移動を繰り返す処理を加える

1 [●制御] のブロックパレット内にある [ずっと] をドラッグ＆ドロップして、下につなげます。

2 [●動き] のブロックパレット内から [x座標を○ずつ変える] と [y座標を○ずつ変える] のブロックをドラッグ＆ドロップして、[ずっと] の中に配置します。

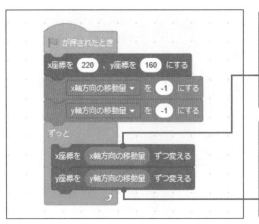

3 [●変数]のブロックパレット内から最初に作成した[x軸方向の移動量]を選択し、[x座標を○ずつ変える]の○にドラッグ＆ドロップして挿入します。

4 [●変数]のブロックパレット内から最初に作成した[y軸方向の移動量]を選択し、[y座標を○ずつ変える]の○にドラッグ＆ドロップして挿入します。

ブロックを選ぶ時、そのブロックの色のカテゴリーのアイコンをクリックして、すぐに選べるようにしましょう。例えば[x座標を○ずつ変える][y座標を○ずつ変える]のブロックは青い色なので、青丸の[●動き]のところにあります

○ 動作を確認しよう

▶をクリックしてプログラムを実行し、動作を確認しましょう。ボールがステージの右上から左下に向かって、ゆっくりと進んでいきます（**図表24-3**）。

このプログラムにはボールの動きを止める処理を入れていませんが、ボールがステージ端に達すると、それ以上は進みません。Scratchにはスプライトを画面外に出さない機能があるので、それによってボールの動きが止まります。

ただし、プログラムは[ずっと]のブロックで処理を繰り返しているので、実際には●をクリックするまで計算を続けています（**図表24-4**）。ボールの動きを確認したら、●をクリックしてプログラムの動作を止めましょう。

[ずっと]のブロックは、停止ボタンを押すか、処理を止めるブロックが働くまで処理を繰り返すと覚えておきましょう。

▶ ボールが動く 図表24-3

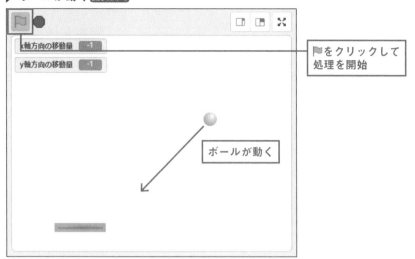

▶ プログラムは動き続けている 図表24-4

他のプログラミング言語には物体を画面外に出さないような機能はありません。他の言語でそのような処理が必要なら、それを自分でプログラミングします

◯ プログラムの説明

組み込んだプログラム（コード）の内容を説明します。

繰り返しを行う［ずっと］の中で、x座標に［x軸方向の移動量］を、y座標に［y軸方向の移動量］を加えています。このプログラムでは［x軸方向の移動量］［y軸方向の移動量］ともに-1を代入しているので、処理が1回行われるごとに、x座標とy座標が1減ります。x座標の値は左にいくほど小さく、y座標の値は下にいくほど小さいので、x座標とy座標の値が減ることでボールが左下に進みます。

▶ **ボールが動く処理の詳細** 図表24-5

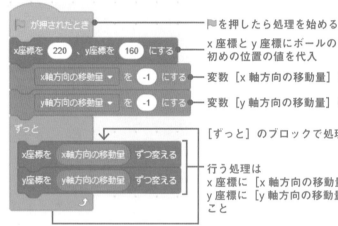

🏴 を押したら処理を始める

x座標とy座標にボールの初めの位置の値を代入

変数［x軸方向の移動量］に -1 を代入

変数［y軸方向の移動量］に -1 を代入

［ずっと］のブロックで処理を繰り返す

行う処理は
x座標に［x軸方向の移動量］の値を加え
y座標に［y軸方向の移動量］の値を加えること

◯ 移動量を調整しておく

移動量の変数の値を変えると、ボールの動くスピードが変化します。例えば、［x軸方向の移動量］と［y軸方向の移動量］の値をそれぞれ「-5」に変更すると、ボールの動くスピードが速くなります。ボールの動きが遅いと、今後の動作テストに時間がかかるため、この段階で「-5」に調整しておきましょう。

▶ **移動量を調整する** 図表24-6

次のレッスンでは、ボールがステージ端で跳ね返るブロックを追加します

[条件分岐と条件式]

25 ボールを端で跳ね返らせる 処理をプログラミングする

このレッスンの ポイント

> このレッスンでは、繰り返しにより移動したボールがステージの端で反対向きに跳ね返るようにプログラミングします。このプログラムを作ることで、プログラミングの基礎知識の1つ「条件分岐」を学びます。

◯ ここで作るプログラム

ここでは、ボールがステージ端に達した時、ボールの移動量の符号を反転し、逆の向きに進ませるプログラムを作ります。何らかの条件が成り立った時に、プログラムの処理を分岐させることを「条件分岐」と言います。ボールが端に達したかどうかを、条件分岐のブロックを使って判断します。

▶ 条件分岐によりボールを跳ね返らせる 図表25-1

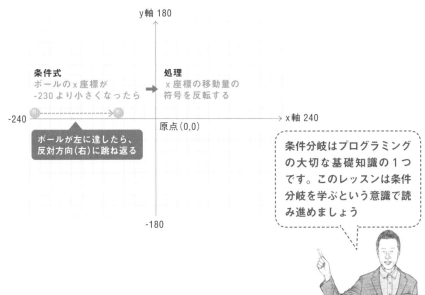

y軸 180

条件式
ボールのx座標が
-230より小さくなったら

処理
x座標の移動量の
符号を反転する

-240

原点(0,0) → x軸 240

ボールが左に達したら、
反対方向(右)に跳ね返る

-180

> 条件分岐はプログラミングの大切な基礎知識の1つです。このレッスンは条件分岐を学ぶという意識で読み進めましょう

● 端に達したことをどう判定するか

ボールがステージの端に達したかは、ボールの座標を調べるとわかります。例えば左端に達した時、ボールは 図表25-2 の位置にあります。この時、ボールのx座標は-230より小さくなります（-230～-240の間と考える）。

上に達した時は 図表25-3 のような位置にあり、この時、ボールのy座標は170より大きくなります（170～180の間）。

同じように考えると、ボールが右端に達した時のx座標は230より大きくなり（230～240の間）、ボールが下に達した時のy座標は-170よりも小さくなります（-170～-180の間）。

▶ ボールが左端に達した時 図表25-2

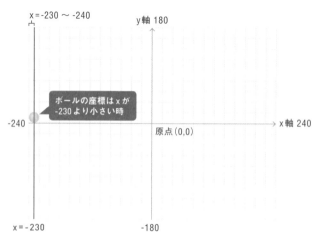

▶ ボールが上に達した時 図表25-3

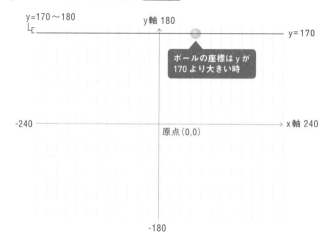

● 条件分岐のブロックについて

Scratchでは条件分岐を［もし～なら］や［もし～なら～でなければ］のブロックで記述します。

ボールが左に達したかを調べ、達したらボールを逆の向きに進ませることを条件分岐で表すと、「もしボールのx座標が-230より小さいなら、x軸方向の移動量を反転する」となります。

これをブロックで表すと 図表25-4 のようになります。

▶ **ボールが左に達した時の条件分岐** 図表25-4

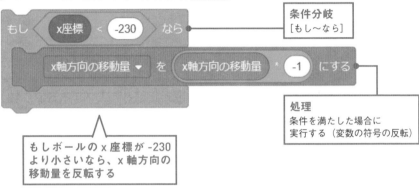

条件分岐
［もし～なら］

もしボールの x 座標が -230
より小さいなら、x 軸方向の
移動量を反転する

処理
条件を満たした場合に
実行する（変数の符号の反転）

● 条件式と処理の記述について

このブロックの「x座標 < -230」の部分を条件式と言います。Scratchには数学で使う「< > =」の記号が書かれたブロックがあり、そのブロックと変数で条件式を記述します。条件式は［もし～なら］などのブロックにある六角形の枠に組み込みます。

そして条件を満たした場合の処理を、その下にブロックで記述します。ここでは、変数の符号の反転処理を、3つのブロックを組み合わせて表し、「x軸方向の移動量を、x軸方向の移動量に-1を掛けた値にする」とします。

「*」はアスタリスクと言い、掛け算の記号になります。-1 を掛ければ、正の値は負に、負の値は正になります

● ステージ端で跳ね返らせるプログラムを組む

ボールのスプライトのプログラムに、ステージ端で跳ね返らせるコードを追加します。次の手順のようにブロックを追加してください。

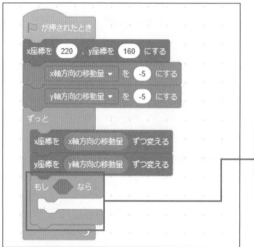

1 ボールが左に達した時の条件式

前レッスンからの続きになるので、ボールのスプライトを選択してからブロックを追加していきます。

1 [●制御] のブロックパレット内から [もし〜なら] のブロックをドラッグ＆ドロップして、[ずっと] の下に追加します。

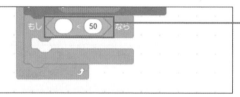

2 [●演算] のブロックパレット内から [○<50] のブロックをドラッグ＆ドロップして、[もし〜なら] のブロック内に挿入します。

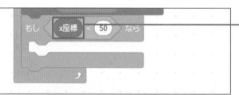

3 [●動き] のブロックパレット内から [x座標] のブロックをドラッグ＆ドロップして、六角形の左側に挿入します。

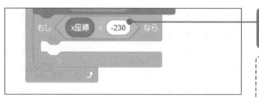

4 六角形の右側の数値に「-230」と入力します。

P POINT

これでボールが左端に達した時の条件式ができました。意味は「ボールが左端に達した時」です。次に、この条件を満たした時の処理を記述します。

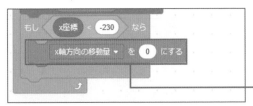

1 [●変数]のブロックパレット内から[x軸方向の移動量▼を○にする]のブロックを、[もし～なら]の中に配置します。

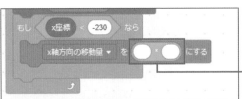

2 [●演算]のブロックパレット内から[○*○]をドラッグ&ドロップして、[x軸方向の移動量▼を○にする]の右側に挿入します。

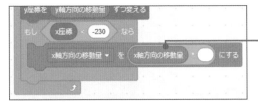

3 [●変数]のブロックパレット内から[x軸方向の移動量]のブロックをドラッグ&ドロップして、[○*○]の左側に挿入します。

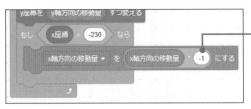

4 今度は[○*○]のブロックの右側に「-1」 と入力してEnterキー（Macはreturnキー）を押します

ⓟ POINT

これで条件式を満たした時の処理ができました。意味は「（ボールが左側に達した時、）x軸方向の移動量を反転する」です。

5 この時点で▶をクリックしてプログラムを動作させると、ボールが左に達した時に反転するのが確認できます。

それでは逆に、ボールが右に達した時の条件式と処理はどうなるでしょうか？失敗してもいいので、まずはご自身で考えて作ってみると理解が深まります

3 ボールが右に達した時の条件式と処理

(P) POINT

ボールが右に達した時の条件式は、「x座標の右端の値（230）よりも大きくなった時」と変更するだけです。

また、条件を満たした時の処理は、x軸方向の移動量を反転するだけなので、左の時と同じです。

1 ［●制御］の［もし〜なら］のブロックを［ずっと］のブロックの一番下にもう1つ追加します。

2 ［●演算］の［○>50］を条件式に挿入し、左に［●動き］→［x座標］のブロックを、右に「230」と入力します。

3 処理のブロックは左の時と同じです。

4 ▶をクリックして動作させると、ボールが右に達した時に跳ね返るようになります。

ブロックの数値を変えるのを忘れないようにしましょう。またxとyを間違えると正しく動かないので、そこも注意しましょう

ゲーム開始時、ボールは左下に向かって動いていくため、次はボールが下に達した時の条件式と処理を記述します。座標の上下はy軸であることに注意しましょう

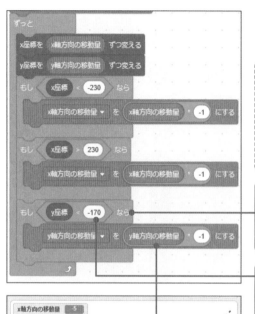

4 ボールが下に達した時の条件式と処理

(P) POINT

ボールが下に達した時の条件式は、「y座標の下の値（-170）より小さくなった時」です。条件を満たした時の処理は、y軸方向の移動量を反転します。

1 左右の端と同じように、[ずっと]の一番下に[●制御]→[もし～なら]のブロックを追加します。

2 [●演算]の[○<50]を条件式に挿入し、左に[●動き]→[y座標]のブロックを、右に「-170」と入力します。

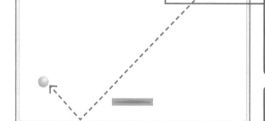

3 処理も左右と同じブロックを追加しますが、変数を[y軸方向の移動量]に変更します。右側の○の値を「-1」にすることもお忘れなく。

4 ▶をクリックして動作させると、ボールが下に達した時に跳ね返るようになります。

Chapter 4 プログラミングの基礎知識を身につけよう

最後に、ボールが上に達した時の条件式と処理を記述します。ここでも座標の上下がy軸であることに注意しましょう

4 ボールが上に達した時の条件式と処理

P POINT

ボールが上に達した時の条件式は、「y座標の上の値（170）より大きくなった時」です。条件を満たした時の処理は、y軸方向の移動量を反転します。

1 ［ずっと］の一番下に［●制御］→［もし～なら］のブロックを追加します。

2 ［●演算］の［○>50］を条件式に挿入し、左に［●動き］→［y座標］のブロックを、右に「170」と入力します。

3 処理のブロックは下の時と同じです。

4 ▐をクリックして動作させると、ボールが上に達した時に跳ね返るようになります。

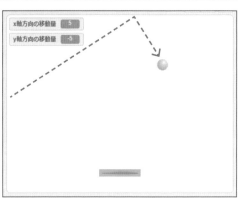

◯ プログラム全体と動作の確認

以上でボールがステージ端に到達した時に、跳ね返るプログラムを作成できました。全体は図表25-5のようになります。改めて、▶をクリックして動作を確認し てみましょう。ボールがステージの上下左右で跳ね返りながら、斜め方向に動き続けます。

▶ ボールが跳ね返るプログラムの全体 図表25-5

```
🏳 が押されたとき
x座標を (220) 、y座標を (160) にする
    x軸方向の移動量 ▼ を (-5) にする
    y軸方向の移動量 ▼ を (-5) にする
ずっと
    x座標を x軸方向の移動量 ずつ変える
    y座標を y軸方向の移動量 ずつ変える
    もし  x座標 < -230  なら
        x軸方向の移動量 ▼ を  x軸方向の移動量 * -1  にする
    もし  x座標 > 230  なら
        x軸方向の移動量 ▼ を  x軸方向の移動量 * -1  にする
    もし  y座標 < -170  なら
        y軸方向の移動量 ▼ を  y軸方向の移動量 * -1  にする
    もし  y座標 > 170  なら
        y軸方向の移動量 ▼ を  y軸方向の移動量 * -1  にする
```

うまく動かない時は、図表 25-5 を確認し、ブロックの配置や、入力した数値を修正しましょう

NEXT PAGE ➡

○ プログラムの説明

次の4つの条件分岐を組み込み、ステージ端に達したボールが逆の向きに進むようにしました。Scratchはスプライトを動かし、ビジュアルで動きを確認しながらプログラミングを学べる言語です。そのため、今回のような動きを処理したい場合、ステージ上の座標を把握しておくのはとても重要です。

▶ 条件分岐によるボールの移動

- x 座標が -230 より小さくなったら、x 軸方向の移動量を反転する
- x 座標が 230 より大きくなったら、x 軸方向の移動量を反転する
- y 座標が -170 より小さくなったら、y 軸方向の移動量を反転する
- y 座標が 170 より大きくなったら、y 軸方向の移動量を反転する

○ プログラムにはいろいろな書き方がある

ここでは［もし～なら］のブロックを4つ使いましたが、プログラムにはいろいろな書き方があり、［●演算］にある［または］のブロックを使うと、［もし～なら］の数を減らすことができます。本章末のコラムで［または］を使ったプログラムを紹介します。

> 興味のある方は、コラムを読む前に、ご自身で作成してみて、動作確認しておくのもよいでしょう

[ヒットチェック]

バーでボールを打ち返す 処理をプログラミングする

**このレッスンの
ポイント**

> ゲームのプレイヤーが操作するバーでボールを打ち返す仕
> 組みをプログラミングします。このプログラムを作ることで、
> アルゴリズムの1つである「ヒットチェック」について学
> びます。

⭕ ここで作るプログラム

ボールがバーと触れているかを調べ、触
れているならボールを上に向かって打ち
返す仕組みをプログラミングします。
ゲーム内の物体が他の物体と触れている
か調べることを、「ヒットチェック」(ある

いは「当たり判定」や「衝突判定」)と
言います。ヒットチェックはアルゴリズ
ムの1つです。ここではそのアルゴリズ
ムを組み込みます。

▶ **ヒットチェックによりボールを打ち返す処理を作る** 図表26-1

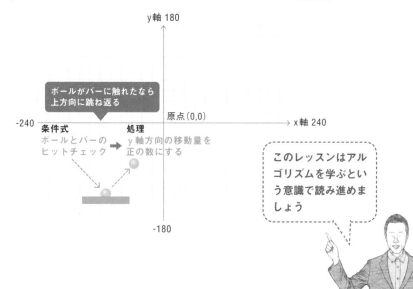

○ Scratchに備わるヒットチェック機能

ヒットチェックは、物体を矩形（長方形のこと）や円に見立て、2つの矩形、あるいは2つの円が重なるかを調べる方法が知られています。Scratchでもスプライトを矩形や円に見立てて、座標などの値からヒットチェックすることもできますが、Scratchにはスプライトが他のスプライトに触れていることを知る便利なブロックがあるので、本書ではそれを使ってヒットチェックを行います。

ヒットチェックを行うブロックは［●調べる］にある［マウスのポインター▼に触れた］です（図表26-2）。このブロックは［マウスのポインター▼］をクリックして、スプライトリストにあるスプライト名を指定できます。

▶ ヒットチェックが行えるブロック 図表26-2

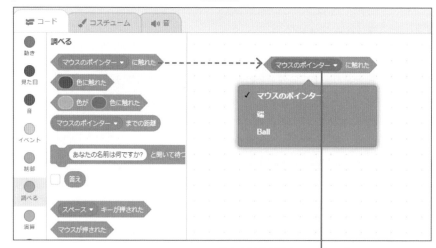

クリックすると、どのスプライトに触れたのかを指定できる

Scratchには色に触れたかを調べるブロックもあり、色を使ったヒットチェックもできます。ただし指定の色に触れたかを調べる機能はScratch独自のもので、他のプログラミング言語にはありません

Chapter 4　プログラミングの基礎知識を身につけよう

◯ スコアを代入する変数を用意する

ボールを打ち返した時にスコア（得点）が入るようにすると、よりゲームらしくなり、作る楽しみも倍増します。ボールを打ち返す処理と併せて、ここではスコアの値を入れておくための変数をあらかじめ用意しておき、プログラムに組み込んでいきます。

[●変数] にある [変数を作る] をクリックして [スコア] という新しい変数を作りましょう。この変数は「すべてのスプライト用」にします。

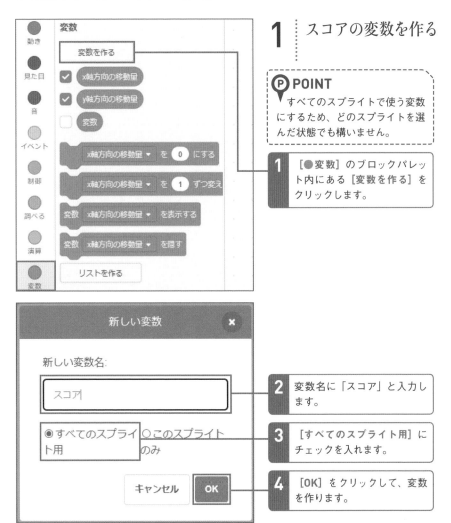

1 スコアの変数を作る

P POINT
すべてのスプライトで使う変数にするため、どのスプライトを選んだ状態でも構いません。

1 [●変数] のブロックパレット内にある [変数を作る] をクリックします。

2 変数名に「スコア」と入力します。

3 [すべてのスプライト用] にチェックを入れます。

4 [OK] をクリックして、変数を作ります。

○ ボールを打ち返すプログラムを組み込む

[マウスのポインター▼に触れた]のブロックを使い、ボールがバーに触れた時のヒットチェックを作成します。その際、前レッスンで説明した条件分岐を使い、

ボールの条件式に「ボールがバーに触れた時」、処理に「跳ね返す」という意味になるブロックを追加して、ボールを打ち返すプログラムを作成します。

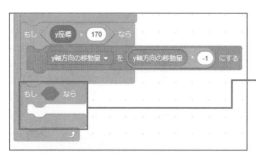

1 ヒットチェックの条件式

1 [●制御]のブロックパレット内から[もし～なら]をドラッグ＆ドロップして、[ずっと]の一番下に追加します。

2 [●調べる]のブロックパレット内から[マウスのポインター▼に触れた]をドラッグ＆ドロップして、条件式に挿入します。

3 条件式の[マウスのポインター▼]をクリックして、[Paddle](バー)を選択します。

これで「もし、ボールがバーに触れたなら」という条件式ができました

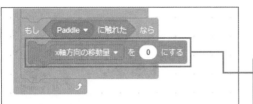

2 ボールがバーに触れた時の処理

1 [●変数] のブロックパレット内から [x軸方向の移動量▼を○にする] をドラッグ＆ドロップして、処理の部分に追加します。

2 [x軸方向の移動量▼] をクリックして、[y軸方向の移動量] を選択します。

3 [y軸方向の移動量] の変数の値に「5」と入力します。

これで、「もし、ボールがバーに触れたなら」という条件を満たした時、「(上方向に) 跳ね返す」という処理ができました

3 スコアを追加する

1 [●変数] のブロックパレット内から [x軸方向の移動量▼を○ずつ変える] をドラッグ＆ドロップして、処理の一番下に追加します。

2 [x軸方向の移動量▼] をクリックして、[スコア] を選択します。

3 [スコア] を変化させる値に「1」と入力します。

これで、ボールを跳ね返す処理が行われた後、スコアに1ずつ値が入るようになります

NEXT PAGE →

○ 動作の確認

▶ をクリックして実行し、バーでボール
を打ち返せるようになり、打ち返した時
にスコアが増えることを確認しましょう。
ボールがバーの下から当たるとスコアが
たくさん増えますが、今は気にする必要
はありません。この先のレッスンで、ボ

ールを打ち返せなかったらゲームオーバ
ーにするので、ボールがバーの下から当
たることはなくなります。
ボールは延々と動き続けるので、● をク
リックして動作を止めましょう。

▶ ボールがバーに当たると跳ね返り、スコアが入る 図表26-3

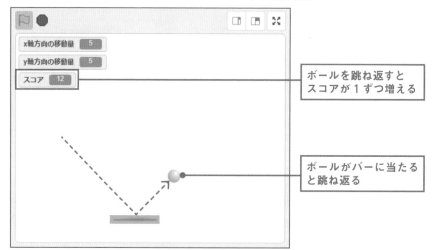

スコアを増やすのは［スコア▼を１ずつ変
える］のブロックです。［スコア▼を１にする］
ではありませんのでご注意ください

○ プログラムの説明

今回追加したブロックを抜き出して説明
します。
このブロックは「もしボールがバーに触
れたら、y軸方向の移動量を5にし、スコ
アを1増やす」という意味です。
ステージのy座標の値は上に行くほど大

きくなります。［もし〜なら］の条件分岐
で、ボールがバーに当たったかを調べ、
当たったらy軸方向の移動量を5という正
の数にすることで、ボールが上に向かう
仕組みになっています。

▶ 今回作成したプログラム 図表26-4

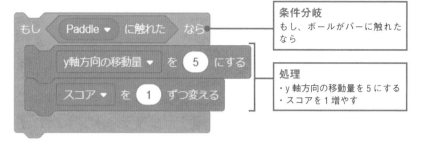

条件分岐
もし、ボールがバーに触れた
なら

処理
・y 軸方向の移動量を 5 にする
・スコアを 1 増やす

[もし～なら] で調べる条件が「Paddle（バー）に触れたか」です。それが成り立つなら [もし～なら] に組み込んだブロックが実行されます。前のレッスンと、ここで学んだ条件分岐の仕組みは、すべてのプログラミング言語に共通します

ワンポイント　ボールの移動量について

ここまでのプログラムは、ボールの座標をいくつずつ変化させるかを、最初は-5という値にし、バーで打ち返す時に5にしています。

それくらいの値が、ゲームとして遊びやすいボールの速度になるからです。

なお Lesson 28で、y軸方向の変化量の値を乱数で変え、ボールの軌道と速度が変化するようにします。

27 [ゲームの流れ]
ゲームオーバーの処理をプログラミングする

このレッスンの ポイント

ボールを打ち返せなかったらゲームオーバーになるように プログラミングします。その際、ゲームオーバーになった 時に「GAME OVER」という文字列を表示することで、文 字列の出力についても学びます。

◯ ここで作るプログラム

ボールがステージの一番下に達したら、 ゲームオーバーになったことを吹き出し で表示し、同時にゲームが終了するよう に改良していきます。 また、ゲーム開始時にスコアが0にリセ ットされる処理も同時に組み込みます。

文字列の出力も大切な知識の 1つです。ここではそれを学 びましょう

▶ ボールが下に達したらゲームオーバーにする 図表27-1

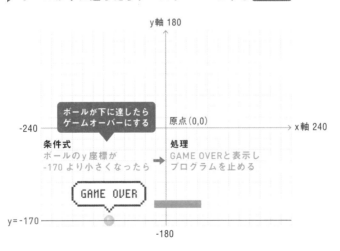

⭕ Scratchの文字列出力について

どのプログラミング言語にも画面に数値や文字列を出力する命令が備わっています。Scratchにはスプライトに吹き出しで台詞（文字列）を表示するブロックが用意されています。[●見た目]にある[こ

んちには！と○秒言う]や[うーん…と○秒考える]がそれです。「言う」と「考える」の違いは、表示される吹き出しの形の違いです。

▶ **文字列を出力するブロック** 図表27-2

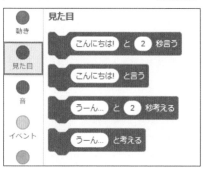

Scratchはゲームやアニメーションを作るツールなので、スプライトに吹き出しで文字列が表示され、キャラクターがしゃべる様子を表現できます。他のプログラミング言語の文字列出力は、画面に単に文字列だけが出力されます

⭕ ゲーム開始時のスコアをリセットする

これまでのプログラムでは、動作テストした際のスコアが累積されたままになっているはずです。まずはこの段階でスコ

アをリセットする処理を追加しておきましょう。ボールのスプライトを選択し、次のブロックを追加します。

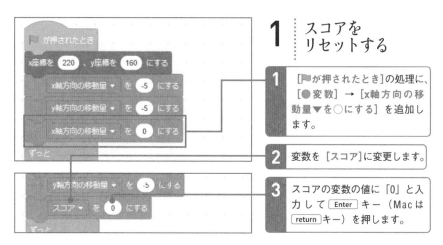

1 スコアをリセットする

1 [▶が押されたとき]の処理に、[●変数]→[x軸方向の移動量▼を○にする]を追加します。

2 変数を[スコア]に変更します。

3 スコアの変数の値に「0」と入力して Enter キー（Macは return キー）を押します。

⭕ ゲームオーバーの処理を組み込む

ボールがステージ下に達したらゲームオーバーになるようにするには、どうすればよいでしょうか？　そうです、Lesson 25で追加した「もし、ボールが下に達したら」という条件式の処理部分を修正すればOKです。

その際、これまでの処理ブロックは不要なので、図表27-3のようにして削除しておきましょう。削除したら、次ページの手順で「GAME OVERと言う」と「動作を止める」という新たな処理を加えます。

▶ **不要なブロックを削除する** 図表27-3

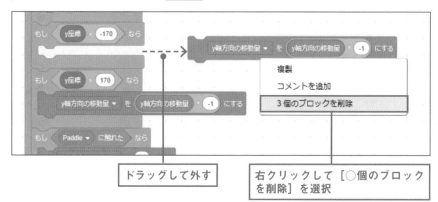

ドラッグして外す

右クリックして［○個のブロックを削除］を選択

👍 ワンポイント　不要なブロックの削除方法あれこれ

プログラムの作成中、コードを改良するなどして、一部のブロックが要らなくなったら、不要な部分をコードのまとまりから外して離れた位置に置けば、その部分は実行されません。
完全に不要なら、上記のように右クリ

ックメニューから削除するか、ブロックをクリックして Delete キーを押すと削除できます。また、ブロックパレットにドラッグ＆ドロップしても消すことができます。

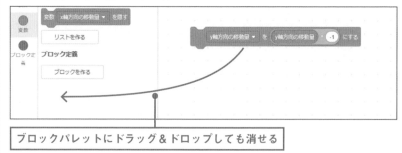

ブロックパレットにドラッグ＆ドロップしても消せる

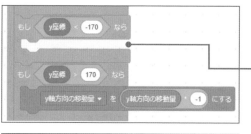

1 新しい処理を追加する

1 ブロックを削除して、条件式「ボールが下に達した時」の処理を空欄にしておきます。

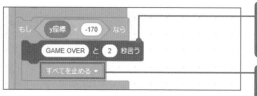

2 [●見た目]のブロックパレット内から[こんにちは!と○秒言う]をドラッグ&ドロップして、条件式の下に追加します。

3 「こんにちは!」の文字列を「GAME OVER」と、秒数は「2」と入力します。

4 [●制御]のブロックパレット内から[すべてを止める]をドラッグ&ドロップして追加します。

数値は必ず半角で入力しますが、「GAME OVER」の文字列は、全角で「ＧＡＭＥ ＯＶＥＲ」としてもかまいません

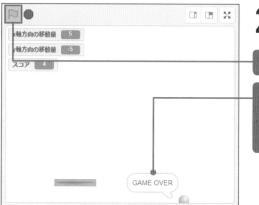

2 動作を確認する

1 ▶をクリックします。

2 打ち返せなかったボールがステージの下につくと、ゲームオーバーになることを確認します。

○ プログラムの説明

今回はボールのスプライトに、▶をクリックした時にスコアを0にするブロックを追加しました。またボールが下に達したら、「GAME OVER」と表示し、すべての処理を止めるブロックを追加しました。プログラムの全体を確認してください。

バーのスプライトは［左向き矢印キー▼が押されたとき］と［右向き矢印キー▼が押されたとき］のブロックでキー入力を受け付けています。それらのブロックは［すべてを止める］が実行された後も入力を受け付けるので、ゲームオーバーになってもバーを動かすことができます。この点を改善する方法については、次のレッスンの最後で説明しますので、参考にしてください。

ここまでで、ゲームをスタートし、左右キーでバーを動かしてプレイし、打ち返せなかったらゲームオーバーになるという、一連の流れを作ることができました

28 ボールの軌道を乱数で変える処理をプログラミングする

**このレッスンの
ポイント**

このレッスンではプログラミングの基礎知識の1つである「乱数」について説明します。ボールが進む向きをランダムに変化させるようにプログラムを修正することで、乱数の使い方を学びます。

⭕ 乱数について

今回は、ボールをバーで打ち返した時、ボールの進む向きをランダムに変えるためのブロックを追加します。現状のボールの動きは単調で、慣れてくると確実に打ち返せるので、乱数を使ってゲームを少し難しくします（**図表28-1**）。

乱数とは、サイコロを振って出る目のような、無作為に選ばれる数のことです。Scratchでは［●演算］にある［○から○までの乱数］のブロックで、最小値と最大値を指定して乱数を発生させることができます（**図表28-2**）。

▶ **乱数でボールの跳ね返る角度を変える** 図表28-1

現状は必ずこの角度で
打ち返すようになっている

乱数を用いて、
角度が変わるようにする

▶ **乱数のブロック** 図表28-2

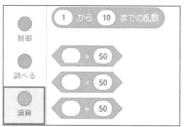

乱数はゲーム制作でよく使う他、シミュレーションや数値計算、暗号化技術など幅広い分野で使われています

○ 乱数のブロックを組み込む

[y軸方向の移動量] の値を乱数で変えることで、ボールの軌道を変化させます。ボールのスプライトのコードエリアに、次のようにブロックを追加しましょう。追加するのはこの1つだけです。

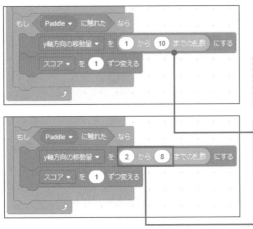

1 y軸の移動量を乱数にする

[ずっと] のブロックの一番下にあるヒットチェックのブロックを修正します。

1 [●演算] のブロックパレット内から [○から○までの乱数] をドラッグ&ドロップして、[y軸方向の移動量] の値に挿入します。

2 [○から○までの乱数] の値を「2」「8」と入力します。

移動量は入力した「2〜8」のいずれかになります

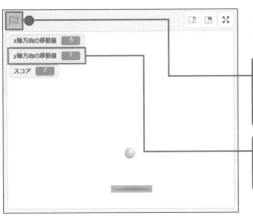

2 動作を確認する

1 🏳をクリックし、バーで打ち返すたびに、ボールの軌道が変化することを確認しましょう。

2 ボールがバーに触れた時、この値が2〜8のいずれかになります。

◯ プログラムの説明

ボールがバーに触れた時、乱数を発生させるブロックで、[y軸方向の移動量]を、2、3、4、5、6、7、8のいずれかの値にしています。これでボールを打ち返す角度がランダムに変わるようになりました。

難易度が少し上がることになりますが、難易度調整はゲームをより面白くする要素の1つです。ゲームを友人や家族にプレイしてもらい、ほどよいバランスに調整してみるのも楽しいですよ。

👍 ワンポイント　キー反応を良くする

乱数で難易度が上がると、バーをもう少しスムーズに動かしたくなるはずです。そんな方は、バーのブロックを 図表28-3 のように変えてみましょう。キー反応が良くなり、バーの動きが改善されます。

もしこのプログラムを使うなら、バーの元のプログラムは削除しておきます。

▶ バーのプログラムを改善する 図表28-3

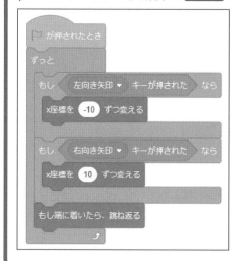

◯ プログラムの注意点

バーでボールを打ち返した時、スコアが2点以上増えることがあります。これはy軸方向の移動量が-8から、打ち返して2になったような場合、ボールがすぐにはバーから離れず、ヒットチェックが複数回行われるためです。これはバグではなく、このゲームの仕様とします。

29
背景を変え、効果音を加えて ゲームを完成させる

このレッスンの ポイント

Scratchには自由に使える背景と音の素材が用意されています。それらを使って、背景を楽しい雰囲気にしてみます。背景とボールを打ち返す時に効果音を鳴らす処理を加えたら、いよいよゲームの完成です。

○ 背景を選ぶ

Scratchの画面の右下にあるアイコンをクリックし、「背景を選ぶ」の画面に入りましょう。一覧表示された背景の中から選ぶだけで、変更できます。

Hill

Jungle

Jurassic

Light

Mural

Nebula

Neon Tunnel

Night City

1 | 背景を変更する

1 画面右下、スプライトリストの隣りにある背景のアイコンをクリックします。

2 背景のスプライトから好きなものを選んでください。ここでは[Nebula]を選択しました。

3 ステージの背景が変更されます。

Ⓟ POINT

どの背景を選んでもかまいませんが、背景の色によってはボールが見えにくくなるかもしれません。その時はボールのスプライトを選び、左上の[コスチューム]をクリックしてください。色違いのボールがあるので、背景と被らない色を選びましょう。

○ ボールのスプライトの音を確認する

ボールのスプライトには、あらかじめ [Boing] と [Pop] という音が用意されています。ボールのスプライトを選び、画面の左上にある [音] をクリックして、どんな音なのかを確認しましょう。

▶ ボールの効果音を確認する 図表29-1

[音] をクリックすると、スプライトに用意された音を確認できる

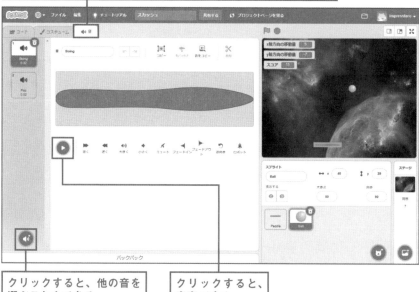

クリックすると、他の音を選ぶこともできる

クリックすると、音声が鳴る

今回は、はじめから用意されている音を鳴らしますが、[音] を選んで、左下にあるアイコン（音を選ぶ）をクリックすると、たくさんの音の中から好きなものを使うこともできます

● ボールがバーに触れた時に音を鳴らす

ボールのスプライトの効果音を使ってみましょう。ここでは、ボールがバーに触れた時の音を鳴らします。コードエリア に、図表29-2のようにブロックを追加しましょう。このブロックは[●音]のところにあります。追加するのはこの1つです。

▶ 効果音の追加プログラム 図表29-2

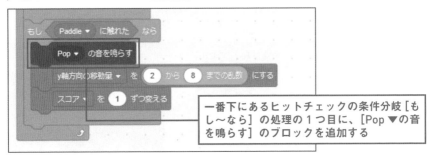

一番下にあるヒットチェックの条件分岐[もし〜なら]の処理の1つ目に、[Pop ▼の音を鳴らす]のブロックを追加する

コードエリアに置いたブロックの[Pop]をクリックし、[Boing]に変えることができます

● 不要な変数の表示を消す

ゲームを完成させるにあたり、現在ステージに表示されている[x軸方向の移動量]と[y軸方向の移動量]の表示は要らないので、それらを消します。

[●変数]のブロックパレットで、x軸とy軸の移動量を入れる変数のチェックを外してください。またステージにある[スコア]の表示は、ドラッグ＆ドロップしてステージの左上角や右上角に移動しましょう。

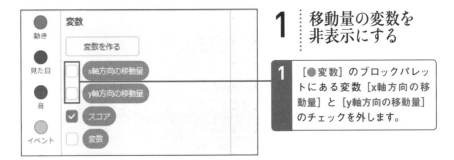

1 | 移動量の変数を非表示にする

1 [●変数]のブロックパレットにある変数[x軸方向の移動量]と[y軸方向の移動量]のチェックを外します。

2 ［スコア］の表示をドラッグ＆
ドロップして、左上または右上
などゲームプレイのじゃまにな
らない場所に移動します。

○ ゲームソフトの完成！

以上で、スカッシュが完成しました！
▶をクリックして実行し、バーでボール
を打ち返すと音が鳴ることを確認しまし
ょう。バーやボールはプログラムした通
りに動いているでしょうか？　これはあ
なたが自分の手でプログラミングした成
果です。Scratchを使えば、これほど短時
間でゲームまで作れてしまうのです。

▶ Scratchで作ったスカッシュ 図表29-3

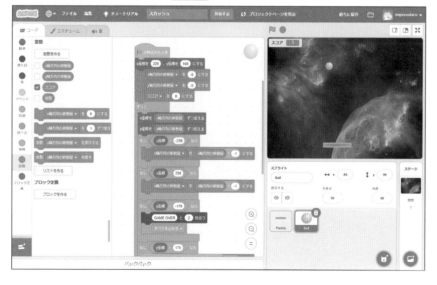

▶ ボールのプログラム全体 図表29-4

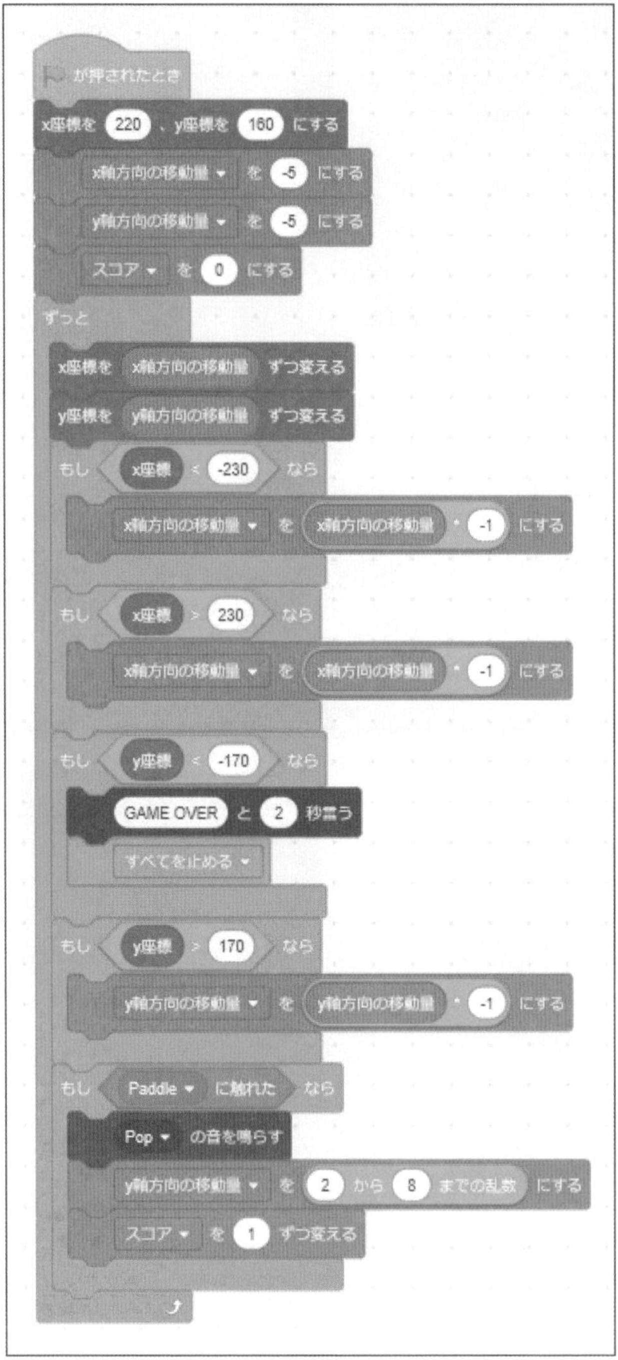

が押されたとき

x座標を 220 、y座標を 160 にする

x軸方向の移動量 ▼ を -5 にする

y軸方向の移動量 ▼ を -5 にする

スコア ▼ を 0 にする

ずっと

x座標を x軸方向の移動量 ずつ変える

y座標を y軸方向の移動量 ずつ変える

もし x座標 < -230 なら

x軸方向の移動量 ▼ を x軸方向の移動量 * -1 にする

もし x座標 > 230 なら

x軸方向の移動量 ▼ を x軸方向の移動量 * -1 にする

もし y座標 < -170 なら

GAME OVER と 2 秒言う

すべてを止める ▼

もし y座標 > 170 なら

y軸方向の移動量 ▼ を y軸方向の移動量 * -1 にする

もし Paddle ▼ に触れた なら

Pop ▼ の音を鳴らす

y軸方向の移動量 ▼ を 2 から 8 までの乱数 にする

スコア ▼ を 1 ずつ変える

▶ バーのプログラム全体 図表29-5

❍ みなさんが学んだこと

Chapter 3～4のゲーム制作で、みなさんはプログラミングの大切な知識である「入力と出力」「変数」「繰り返し」「条件分岐」を学びました。1レッスンごとにこれらの基礎知識を使い、動作を確認しながら、様々な処理を組み込んだことで、プログラムがどのように作られ、動いているのかが、強く実感できたことと思います。また、レッスンの合間では「乱数」の使い方やちょっとしたプログラムの改善方法についても学びました。

これらは、どんなプログラミング言語にも共通する知識であり、プログラムを作成する過程における思考方法についても、大きく変わることはありません。つまり、皆さんは「スカッシュ」の作成を通じて、プログラミングの基礎にあたる部分を身につけたと言っても過言ではないのです。日常生活や仕事の上で、プログラミングに関連することに遭遇したら、ぜひ本書の経験を思い出していただければと思います。

さて、他にプログラミングの基礎知識には「配列」と「関数」というものがあります。さらなる知識を得たい方は、Chapter 6で説明しますので、参考にしてください。

ゲーム制作、お疲れ様でした！　本格的なプログラミングはいかがでしたでしょうか？　さらに学習を進めたい方へのヒントは Chapter 6 でお伝えします

① COLUMN

プログラムにはいろいろな書き方がある

プログラムにはいろいろな書き方があります。例えば、Lesson 22でキー入力の仕方を学ぶためにバーのプログラムを作成しましたが、その改善方法をLesson 28のワンポイントで紹介しました。プログラムの書き方は1つとは限らず、「こうしたい」という作り手の要求やアイデアによって、様々な書き方が考えられるわけです。

スカッシュでは他にも改善ポイントが存在します。 例えば、Lesson 25で説明したボールが端に到達するかど

うかを判定する条件分岐のプログラムは、[● 演算]にある[または]のブロックを使って、[もし～なら]の数を減らすことができます。改善方法は図表29-6の通りです。

「AまたはB」は、AとBのどちらか一方、あるいはABとも成り立つことを意味し、条件分岐を1つにまとめることができます。その他、[かつ]というブロックもありますが、「AかつB」はABともに成り立つ、ということを意味します。

▶ ボールが左右に達する時のプログラム 図表29-6

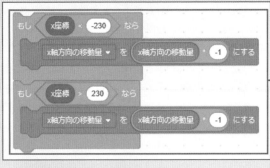

元のプログラム

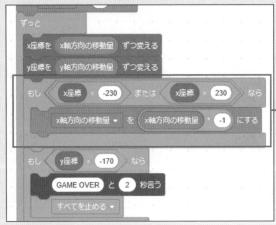

[または]を使って、1つの条件分岐にまとめた

Chapter

5

コンピュータの仕組みを
理解しよう

本章ではコンピュータ機器の基本的な仕組み、また重要なインフラであるインターネットについて説明します。ハードの知識はプログラミングの知識と密接に関わります。これまで学んだことの復習も兼ねて読み進めましょう。

30　[ハードウェアの知識]
コンピュータのハードと大切な機能について知ろう

このレッスンの
ポイント

機器や機械の本体や、それを構成する部品を**ハードウェア**と言い、略して「**ハード**」と呼びます。このレッスンでは、コンピュータのハードについての必要最低限の知識と仕組みを説明します。

○ 私たちはコンピュータに囲まれている

世の中の多くの機器や機械に、コンピュータ（電子回路とプログラム）が組み込まれています。パソコンとスマートフォン以外で、コンピュータが組み込まれたものを挙げてみましょう（**図表30-1**）。テレビや冷蔵庫など家庭に必ずある製品をはじめ、太陽光パネルやガスメーター、公共交通機関といったインフラに関わるものまで、実に様々です。都市部には数

十メートルに1台あると言われる自動販売機、数百メートルに1店あると言われるコンビニのマルチメディア端末や銀行のATMなども含めると、数え上げるのが不可能なほど、限りがないことがわかります。それらの機器や機械を制御しているのがコンピュータです。コンピュータのハードについての基本的な仕組みを見ていきましょう。

▶ 身の回りにあるコンピュータが内蔵されたもの **図表30-1**

インフラ
• 公共交通機関
• 電波塔（テレビ、ネット）
• セキュリティシステム

家庭
• ソーラーパネル
• テレビや冷蔵庫などの家電
• ガスメーター

街なか
• コンビニの端末や ATM
• 自動販売機
• 電光掲示板

⬤ コンピュータとは

電子回路を用いて高速な計算を行い、情報を処理する装置がコンピュータです。コンピュータが行っていることをイメージで表すと、図表30-2のようになります。これは、入力・計算（演算）・出力というコンピュータの基本的な動作の流れを示したものです。本書で繰り返し述べてきたように、入力・計算（演算）・出力はコンピュータの機能の中で、特に大切な機能です。図のうちCPUとメモリがコンピュータの中核となる部品です。

なお、演算と計算は似たような意味ですが、演算には数式通りに計算するという意味合いがあります。そのためコンピュータに関する用語として演算がよく使われることから、この先は「演算」という言葉で説明します。

▶ コンピュータの動作の流れ 図表30-2

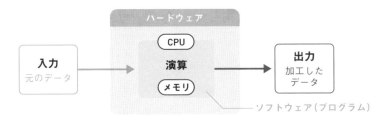

⬤ 最もわかりやすい例

コンピュータの入力から出力までの流れが最もわかりやすい機器の1つは電卓です。今はスマートフォンに入っている電卓アプリを使っている方も多いでしょう。電卓アプリも、実体のある製品としての電卓も、指で数と演算子を入力し、プログラムで演算が行われ、表示部に答えが出力されます。

▶ 入力・演算・出力 図表30-3

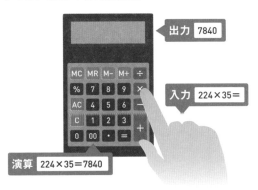

「入力・演算・出力」がコンピュータの大切な機能であると、ここでは覚えておきましょう

● パソコンの入力・演算・出力はどこが行っている？

図表30-4 は一般的なパソコンの構成イメージです。さて、入力・演算・出力の役割は、どの部分が担っているでしょう

か？　電卓の時の例と同じように、どこがそれらの役割を担っているのか考えてみてください。

> みなさんはもう**十分わかっている**と思いますが、改めて考えてみましょう

▶ パソコンの構成 図表30-4

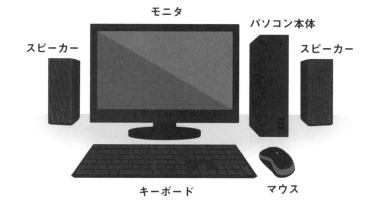

モニタ
スピーカー
パソコン本体
スピーカー
キーボード
マウス

▶ 答え

- 入力装置はキーボードとマウス
- 演算はパソコン本体の中で行われる
- 出力はモニタに映像が出力され、スピーカーから音が出力される

> パソコン本体に収まっている CPU、メモリ、ハードディスクについての詳細は、次のレッスンで説明します

● スマートフォンの入力・演算・出力はどこが行っている？

身近なスマートフォンでも、入力・演算・出力を考えてみましょう。どの部分がそれらの役割を担っているのか、考えてみてください。

▶ **スマートフォンの構成** 図表30-5

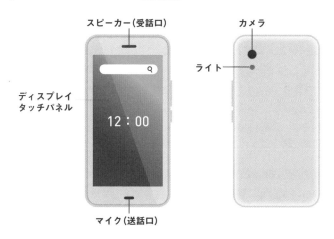

スピーカー（受話口）　カメラ　ライト　ディスプレイ タッチパネル　12：00　マイク（送話口）

▶ **答え**

- **入力はタッチパネル**
- **演算はスマートフォン本体の中**
- **出力はディスプレイとスピーカー**

スマートフォンはディスプレイが画像の出力装置、かつ、指による入力装置（タッチパネル）になっています。
スマートフォンはいろいろな機能を備えていますが、電話の機能のために、スピーカーという音の出力装置と、マイクという入力装置があります。
また写真や動画を撮る目的でスマートフォンを使う方も多いことでしょう。その機能のために映像の入力装置であるカメラと、光の出力装置のライトがあります。
演算はスマートフォン本体の中で行われます。

パソコンもスマートフォンもインターネットにつながる機器です。ネットにつながる機器では、ある処理を行うために必要な演算が、ネットでつながった先にあるサーバと呼ばれるコンピュータで行われることもあります。サーバは Lesson 34 で説明します

31

[コンピュータの本質に迫る]

コンピュータと人間、
機器同士を比べてわかること

**このレッスンの
ポイント**

コンピュータの入力・演算・出力という働きは、私たち人間が常日頃行っている活動でもあります。ここではコンピュータと人間を比較してみることで、コンピュータへの理解を、もう一段階、深めます。

◯ 人間と比べてみる

私たち人間は、様々な情報から知識を蓄え、思考や判断を行い、体を動かして行動します。情報を仕入れることが入力で、思考や判断することを演算と捉えることができます。また私たちは言葉を発し、文字を書き、行動によっていろいろなことを示しますが、それが出力になります

（図表31-1）。
私たちは目を覚ましてから床に就くまで、入力・演算・出力あたる活動を行っています。コンピュータは機器ごとに機能の違いはありますが、情報を元に考えて行動するという、人間が行う知的活動の一部を代行する装置なのです。

▶ 人間における入力・演算・出力 図表31-1

20世紀に人は脳になりえるものを発明したわけです。そして今世紀、ハードの高性能化やプログラミング技術の進歩により、第三世代のAIが作られるなどし、コンピュータにとても大きな可能性が見出されています

Chapter 5

コンピュータの仕組みを理解しよう

○ コンピュータ同士を比べてみる

さて、コンピュータと一口に言っても、単純な処理を行う安価なものから、極めて高度な機能を持つ装置まで、その種類は実に様々です。具体例として、100円ショップなどで売られている電卓と、先進諸国が国家の威信をかけて開発するスーパーコンピュータを挙げます。

電卓も立派なコンピュータ機器で、今では100円程度で購入できます。一方、日本にある最も高性能なコンピュータは、理化学研究所と富士通が開発した「富岳」というスーパーコンピュータで（本書執筆時点）、富岳は1300億円の開発費がかかっていると言われています。コンピュータ機器が持つ性能は、それを構成する部品の能力で決まります。優秀な機器は優れた部品を組み合わせて作られていますが、機器の能力を引き出すものはプログラムです。

電卓もスーパーコンピュータも、その中で動くプログラムがなければ機能しません。コンピュータはハードウェアだけでは動作せず、ソフトウェア（プログラム）があって、初めて役に立つ存在となるのです。

▶ 2つのコンピュータ 図表31-2

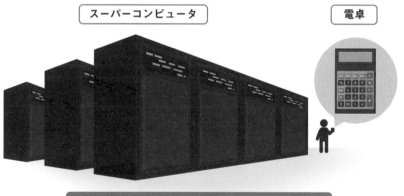

スーパーコンピュータ　　　　　　　電卓

どちらもプログラムがなければ機能しない点は同じ

日本のコンピュータ産業の発展を支えた宮永好道氏が「パソコンはソフトがなければただの箱」という有名な言葉を残しています。まさにその通りで、コンピュータを用いた機器や機械は、プログラムがなければ、どれも動かすことはできません

[ハードの詳細①]

32

CPUとメモリの役割について知ろう

**このレッスンの
ポイント**

ここから2つのレッスンに分けて、パソコンを構成する主なハードの役割について詳しく説明します。ここではコンピュータの心臓部とも呼ばれる、CPUとメモリの役割について学びましょう。

⭕ 誰もが知っておくべきパソコンの構成

コンピュータ機器の中で特にパソコンは、仕事をする上でも日常生活においても、欠かすことのできないものです。その大切なハードの構造について最低限の知識を持っておきましょう。

パソコンを構成する部品を、CPU、メモリ、入力装置、出力装置、補助記憶装置に分けて説明します。

▶ パソコンの構成 図表32-1

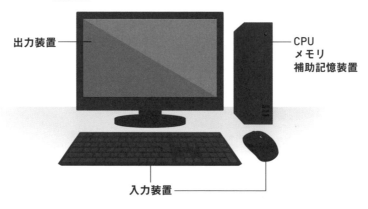

出力装置

CPU
メモリ
補助記憶装置

入力装置

前レッスンまででは、入力・演算・出力という視点でコンピュータに共通する大きな働きについて考えました。ここからは、各部品が担っている具体的な役割を説明します

Chapter 5

コンピュータの仕組みを理解しよう

⭕ CPUとは

CPUはコンピュータの最も核となる部品で、「中央演算装置」とも呼ばれます。パソコン本体の中にある基板（各種の電子部品を取り付ける板＝マザーボード）に載っており、入力装置から受け取ったデータを演算（処理）し、結果を出力する機能を持ちます。中央演算装置という名前のイメージ通り、各入出力における演算の中枢としての役割を担うわけです。人間が記述したコンピュータのプログラムは、処理の過程で機械語（マシン語）というコンピュータが解釈できる言語に変換されます。その機械語の命令をCPUが実行することで、プログラムが動作します。

▶ CPUのイメージ 図表32-2

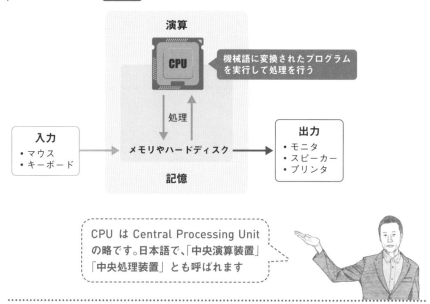

⭕ メモリとは

メモリはデータやプログラムを一時的に記憶する部品です。メモリもパソコン内にある基板に取り付けられています。メモリは「主記憶装置」とも呼ばれ、その名の通り、データを記憶しておく場所として重要な役割を担います。

メモリ上にあるデータは、CPUが高速に読み書きできます。そのアクセス速度は後述するハードディスクと比べると、極めて高速です。そしてCPUは、メモリ上にあるプログラムを実行し、計算結果をメモリに書き込んだりしながら、様々な演算（処理）を進めていきます。

NEXT PAGE ➡

▶ メモリのイメージ 図表32-3

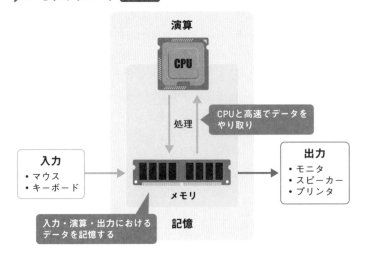

演算

CPU

CPUと高速でデータを
やり取り

処理

入力
• マウス
• キーボード

メモリ

出力
• モニタ
• スピーカー
• プリンタ

入力・演算・出力における
データを記憶する

記憶

◯ メモリの揮発性について

メモリ上にあるデータは電源を落とすと
失われます（データが消える）。これをメ
モリの「揮発性」と呼び、電源を落とす
とデータが消えるメモリを「揮発性メモ
リ」と呼ぶこともあります。揮発性とは、
液体が常温で気化することを意味し、電
源を供給しないとデータが失われるメモ

リの性質になぞらえているとお考えくだ
さい。
そのため、パソコンで作ったファイルな
どのうち大切なものは、電源を落として
もデータが消えないハードディスクなど
の「補助記憶装置」に保存します。補助
記憶装置は次のレッスンで説明します。

メモリを表す言葉に RAM と ROM があります。
RAM（Random Access Memory）は任意のア
ドレスにデータを書き込めるメモリです。ROM
（Read Only Memory）は書き込みができない、
読み込み専用のメモリです

Chapter 5　コンピュータの仕組みを理解しよう

[ハードの詳細②]

33 入力装置と出力装置、補助記憶装置の役割を知ろう

このレッスンの
ポイント

パソコンを構成する主なハードのうち、ここでは入力装置、出力装置、補助記憶装置について説明します。おそらく馴染みのあるハードが多いはずですが、コンピュータの重要な機能を担っていると考えれば、見方も変わってくるでしょう。

⭕ 入力装置

キーボード、マウス、マイクがパソコンの主な入力装置です。この図にありませんが、パソコンの入力装置には他にカメラがあります。ノートパソコンにはカメラが標準で付いています。テレワークな

どの新しい働き方が広がり、カメラが必須の方も増えたのではないでしょうか。
それぞれの入力装置がどのような機能を持つかを述べることは不要でしょうから、説明は省略します。

▶ 主な入力装置 図表33-1

キーボード

マウス

マイク

Chapter 5

コンピュータの仕組みを理解しよう

ゲームをするためにジョイスティックやジョイパッドをつないでいる方もいらっしゃるでしょう。それらも入力装置の仲間です

○ 出力装置

モニタ、スピーカー、プリンタがパソコンの主な出力装置です。家庭用プリンタの中にはスキャナとセットになったタイプが普及していますが、そのような機器ではスキャナの部分は入力装置になります。これらの出力装置も、身近に使っているものなので、機能の説明は省略します。

▶ 主な出力装置 図表33-2

モニタ

スピーカー

プリンタ

○ 補助記憶装置

HDD（ハード・ディスク・ドライブ）やSSD（ソリッド・ステート・ドライブ）を補助記憶装置と言います。補助記憶装置は、メモリ（主記憶装置）よりもデータを読み書きする速度が遅いですが、メモリより大量のデータを保持できます。また補助記憶装置は電源を落としてもデータが消えることはありません。その性質のため、「不揮発性メモリ」と呼ぶこともあります。

▶ 主な補助記憶装置 図表33-3

パソコン本体に
内蔵されるHDD

ノートパソコンなどに
搭載されるSSD
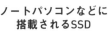

外付けHDD

> SSD は HDD と同じように使える記憶装置です。サイズが小さく、高速に読み書きでき、ノートパソコンなどに搭載されています

◯ OSとパソコンの動作について

みなさんがお使いのWindowsパソコンやMacのOS（オペレーティング・システム）は、補助記憶装置に保存された、たくさんのファイルでできています。パソコンの電源を入れると、パソコンを動作させるのに必要なプログラムやデータがメモリ上に配置され、パソコンが使える状態になります。

そして入力装置から受け取ったデータやメモリ上のデータをCPUが処理し、出力装置にデータを送ったり、メモリにデータを書き込んだりしながら、パソコンが動作します。

> 補助記憶装置は二次記憶装置やストレージとも呼ばれます

◯ 他の補助記憶装置について

パソコンに内蔵するのではなく、主に外付けで使用する機器にも補助記憶装置があります。例えば、フラッシュメモリ（USBメモリやSDメモリーカード）、デー

タを書き込むことができる光ディスク（CD、DVD、Blue-rayなどのディスク）なども補助記憶装置です。

▶ その他の補助記憶装置 図表33-4

光ディスク

フラッシュメモリ

> ハードディスクなどの補助記憶装置は、テレビ番組の録画などにも使われています

○ Scratchのブロックで考えてみよう

ここまでの説明で、コンピュータを構成する主な部品に、CPUとメモリ、入力装置と出力装置があり、コンピュータの大きな機能は、入力・演算・出力であることを学びました。

ここで、Chapter 3〜4で行ったScratchのプログラミングを振り返ってみましょう。各種のブロックを組み合わせて「スカッシュ」というゲームを完成させました。

実はそれらのブロックは、入力・演算・出力などの機能を持つものです。各機能を持つ主なブロックを 図表33-5 に示します。

入力を行うブロックはキーボードやマウスからの入力を受け付ける役割を担い、演算を行うブロックは座標や変数の値を計算する機能を持ちます。出力を行うブロックはスプライトを表示したり隠したりし、ステージに文字列などを表示します。

またこの表にはありませんが、条件を判断するブロックや、処理を繰り返すためのブロックがあり、それらを組み合わせて様々な処理を作ることができます。みなさんはChapter 3〜4で、ブロックを組み合わせることで、入力・演算・出力という一連の動作をコンピュータにさせる仕組み（ゲームソフト）を作ったのです。

▶ 入力・演算・出力の機能を持つブロック 図表33-5

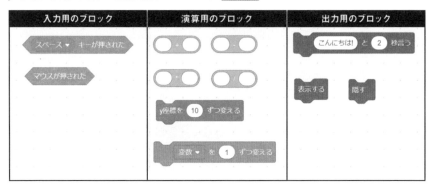

Scratch はスプライトを選ぶと、ステージにそれが表示されるので、画像を出力する意味が曖昧に感じられる方もいると思いますが、他のプログラミング言語では、画像が自動的に表示されることはなく、画像出力の命令を使って、必要なタイミングで画面に表示します

インターネットの仕組みとサーバの役割を知ろう

このレッスンの
ポイント

ここではインターネットの概要を説明します。インターネットは社会を支える重要なインフラです。その仕組みについて、インターネットを形成するサーバの役割とともに理解しておきましょう。

○ インターネットとは

複数のコンピュータを回線でつなぎ、互いにデータをやり取りできるようにしたシステムを、「コンピュータ・ネットワーク」もしくは単に「ネットワーク」と言います。

インターネットは世界中に設置されているサーバを介して情報をやり取りする、地球規模のコンピュータ・ネットワークです。サーバについては後述します。

▶ インターネットのイメージ 図表34-1

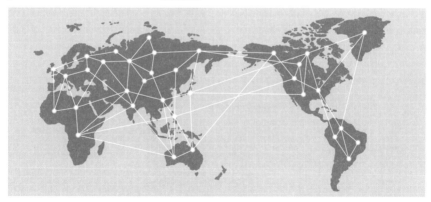

この図は世界中のサーバが回線で結ばれたイメージです。実際にはもっと多数のサーバが、衛星通信なども含めた様々な回線でつながり、地球を覆っています

Chapter 5

コンピュータの仕組みを理解しよう

⬤ インターネットの進化

インターネットの原型は、1960年代末にアメリカ軍の研究機関が構築したARPANETと呼ばれるネットワークです。それが大学や研究機関で使われるようになりました。1990年前後にインターネットの商用利用が始まり、90年代後半から急速に世界中に普及し、社会基盤の1つとなりました。

普及初期のインターネットは、現在と比べて小さなデータをやり取りするシステムで、電子メールや電子掲示板などに使われていました。技術の進歩により、やがて送受信できるデータ量が増え、ファイルのやり取りや、情報発信と情報検索ができるようになりました。現在では人々のコミュニケーション手段や商取引など、様々なサービスに用いられるようになっています。

> インターネットが社会を変えていく様子については、Lesson 03 をご参考にしてください

⬤ インターネットの仕組み

インターネットでは、家庭や企業内の小さなネットワークや、個人が使うスマートフォンなどの端末が、世界規模の大きなネットワークにつながっています。ネットにつながった、情報を提供する側のコンピュータをサーバ、情報を受け取る側のコンピュータをクライアントと言います。みなさんがお使いのパソコンやスマートフォンはクライアントになります。

▶ **パソコンやスマホがネットにつながる仕組み** 図表34-2

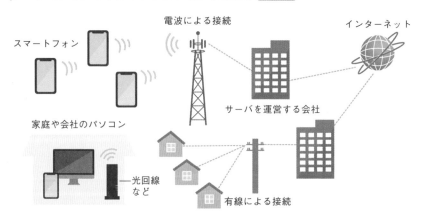

⚫ サーバの役割

インターネットを形成するサーバについて説明します。

サーバには、クライアントや、他のサーバからの命令に従ってデータ（情報）を転送する機能があります。

サーバは要求（リクエスト）に従い、ウェブサイトのデータを返したり（レスポンス）、電子メールの宛先にあるサーバにデータを送るなどの仕事をします。

では、そのサーバとは具体的にどのような機器でしょうか？

実はサーバは私たちが使っているパソコンと基本的に同じものです。ただし大量のデータを瞬時に処理できるように、家庭にあるパソコンよりも高性能の部品で作られています。

▶ サーバのイメージ 図表34-3

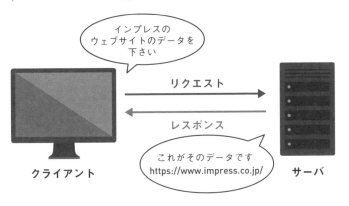

詳しくいえば低スペックのパソコンもサーバとして機能させることができますが、ネットで大量のデータをやり取りするサーバは高スペックな機器です

⚫ サーバには種類がある

サーバにはウェブサーバ、メールサーバ、DNSサーバなど、いくつかの種類があり、役割が決まっています。インターネットは、各種のサーバがそれぞれの仕事をこなす形で、様々なデータをやりとりする仕組みになっています（図表34-4）。

▶ サーバには役割分担がある 図表34-4

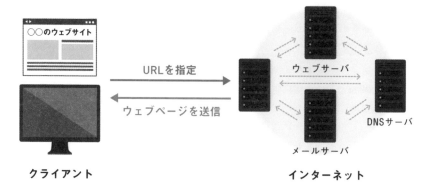

▶ サーバの種類

- ● ウェブサーバ＝ウェブサイトなどのデータが置かれている
- ● メールサーバ＝メールを送受信する機能を持つ
- ● DNS サーバ＝ URL やメールアドレスからウェブサーバやメールサーバの場所を特定する

サーバもコンピュータ機器で、その中ではデータを送受信するためのソフトウェアが動いています

35 ウェブサイトの閲覧とメールの送受信を理解しよう

このレッスンのポイント

ウェブサイトを閲覧する仕組みと、電子メールを送受信する仕組みについて説明します。それらを理解すれば、インターネットの様々なサービスの仕組みも自ずとわかってきます。

○ ウェブサイトから利用できる様々なサービス

インターネットには、ネット通販、学習教育システム、ニュース配信、情報検索、金融取引、ファイル転送、SNS、映像作品やゲームの配信など、様々なサービスがあります。

それらを利用するには、ウェブサイトを閲覧するブラウザで、サービスを提供するページにアクセスします。

▶ ウェブサイトの例 図表35-1

左：読売新聞オンライン（https://www.yomiuri.co.jp/）、右：楽天市場（https://www.rakuten.co.jp/）

専用ソフトやアプリで利用するサービスもありますが、ネットを介して行われるサービスの多くは、ウェブサイトで利用できます。また専用アプリとウェブサイトどちらでも同じサービスを受けられる仕組みも増えています

NEXT PAGE →

⬤ ウェブサイトを閲覧する仕組み

ウェブサイトを閲覧する時、ブラウザに URL を入力します。例えば、株式会社インプレスの URL は「https://www.impress.co.jp/」です。

ブラウザに URL を入力すると、みなさんのパソコンやスマートフォン（クライアント）は、サーバにそのウェブサイトを探すように要求します。サーバは要求をもとに、インターネットのどこかにある目的のサーバ（この例ではインプレスのウェブサイトのデータが置かれたサーバ）を探します。それが見つかれば、そこから必要なデータを受信し、ブラウザにウェブサイトが表示されます。

▶ **ウェブサイトを閲覧する仕組み** 図表35-2

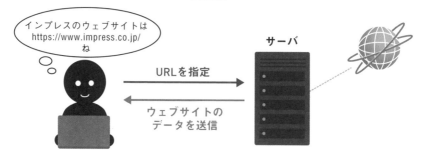

インプレスのウェブサイトは
https://www.impress.co.jp/
ね

サーバ

URLを指定

ウェブサイトの
データを送信

URL の文字列は、私たち人間がウェブサイトのある場所（世界のどこかにあるサーバ）を管理しやすいように表記したものです。URL はコンピュータの中で IP アドレスという数値に変換されます。IP アドレスは後述します

⬤ メールを送受信する仕組み

電子メール（e メール）は、文章や添付ファイルを、インターネットを使って送受信するサービスです。電子メールは単に「メール」と呼ばれることも多く、本書でもこの先はメールと呼んで説明します。

メールを送るには、メールソフトで送り先のメールアドレスを指定します。メールソフトはサーバにアドレスやメールに書かれた内容（データ）を伝えます。サーバはアドレスを頼りに、別のサーバにデータを渡しながら、最終的に相手のサーバにメールを送り届ける仕組みになっています。

メールを送り、メールを受け取るのは、個人が使っているパソコンやスマートフォンのメールソフト（プログラム）ですが、メールを実際に送受信する仕事はサーバが行っています。

▶ メールを送受信する仕組み 図表35-3

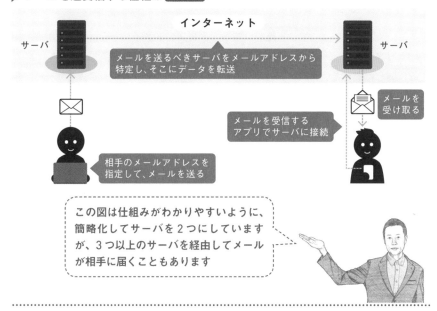

○ クライアントとサーバが通信している

ウェブサイトの閲覧やメールの送受信では、クライアントとサーバがデータをやり取りしています。またサーバ同士でもデータがやり取りされます。

ネット上にあるサービスはすべて、クライアントとサーバ、および、サーバ間のデータの送受信で行われるのです。

例えばネットで配信される動画は、サーバから送られてくる映像の元になるデジタルデータを、パソコンのソフトやスマートフォンのアプリ（プログラム）が、映画やアニメ、YouTubeの動画など、目に見える形の映像に変換し、それらを私たちが視聴しています。

▶ すべては同じ仕組みで送受信されている 図表35-4

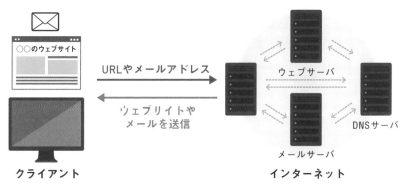

○ IPアドレスとは

IPアドレスについては、すこし難しい説明になりますので、インターネットの仕組みに詳しくなりたい方向けにお話しします。

コンピュータがインターネットを介してデータを送受信する際、URLやメールアドレスのドメインと呼ばれる部分が、IPアドレスという数値に変換されます（図表35-5）。IPアドレスは、サーバ、ルータ、パソコン、スマートフォン、ゲーム機など、インターネットにつながる機器の通信先を識別するための番号です。

▶ ドメインとIPアドレス 図表35-5

この番号はインターネット上の住所のようなもので、ネットにつながるものなら、どの機器にも割り振られます（図表35-6）。機器ごとにIPアドレスという個別の番号を持たせ、相手を特定してデータをやり取りする仕組みは、現実世界で私たちが固有の住所を持ち、手紙を送ったり、宅配便を受け取ったり、行政サービスを受けたりするのと似たようなものと考えれば、ネットでデータをやりとりする仕組みをイメージしやすくなるのではないでしょうか。

▶ 機器ごとに固有のIPアドレスを持つ 図表35-6

192.168.1.1

192.168.1.2

192.168.1.3

○ グローバルIPとプライベートIPアドレス

IPアドレスは2種類あります。1つは家庭や企業内で用いられるプライベートIPアドレス、もう1つはインターネットでデータをやり取りするためのグローバルIPアドレスです。

IPアドレスは「192.168.***.***」のよう

に8bitの値を4つ並べたIPv4という規格が使われていますが、近年ではネットに接続する機器が増えてアドレスが不足し、桁数を増やしたIPv6という規格も使われるようになりました。

▶ ネットにつながる機器に割り振られるIPアドレス 図表35-7

インターネット

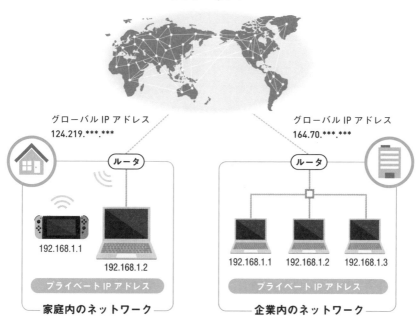

グローバル IP アドレス
124.219.*.***

グローバル IP アドレス
164.70.*.***

ルータ

192.168.1.1

192.168.1.2

プライベート IP アドレス

家庭内のネットワーク

ルータ

192.168.1.1　192.168.1.2　192.168.1.3

プライベート IP アドレス

企業内のネットワーク

203.183.234.2 などの数値では、人はそれが何を表すのかわかりません。そこで URL は www.impress.co.jp、メールアドレスは hirose@***.com のように、企業名や人名を組み合わせ、わかりやすいようにしています。それが IP アドレスとドメインの関係です

36 ［インターネットが実現した技術］
モノのインターネット IoTについて知ろう

このレッスンの
ポイント

インターネットに接続される機器や機械の種類は今後も増え、私たちの生活をより便利にしていくことでしょう。このレッスンではIoTについて学び、その利点と問題点を知り、コンピュータに関する知識をさらに広げます。

⭕ IoTとは

IoTはInternet of Thingsの略で、日本語で「モノのインターネット」と訳されます。IoTは様々な機器や機械がインターネットに接続され、情報をやり取りする仕組みを意味します。

例えば、誰もが生活する上で使う冷蔵庫や洗濯機などがネットに接続され、離れた場所から操作したり、状態を確認でき

る仕組みがIoTです。

ここでは、どなたにも理解していただきやすいように、Iot家電を中心に解説しますが、IoTは様々な分野で用いられています。例えば工場など製造業の現場では、生産性や品質向上を目的としてIoTの導入が進んでいます。そのことについては、このレッスンの最後で改めて説明します。

▶ IoT家電の例

- スマートフォンで外出先から操作できるエアコン、洗濯機、ロボット掃除機、照明など
- 庫内に入っている食料品の重さを送信し、在庫管理ができる冷蔵庫
- 新しいレシピの最適な調理時間などをダウンロードできるオーブンレンジ
- ご飯の炊き方を学習する炊飯器など

IoT は Chapter 1 で軽く触れましたが、ここではインターネットにつながり、便利な機能を提供する家電を「IoT 家電」と呼んで、さらに詳しく説明します

インターネット

無線LANルータ

> これらの製品の多くは、スマートフォンやスマートスピーカーと連携し、それらから操作できたり、動作状況を知ったりすることができます

○ 学習機能があるIoT家電

IoT家電は、電機メーカー各社が、それぞれの製品に様々な機能やサービスを搭載しています。例えばスマートフォンアプリと連携し、洗濯の洗い上がりの評価をアプリに入力することで、使用者の好みをAIが学習し、好みの仕上がりに近づく機能を持つ洗濯機が実際に発売されてい

ます。またお米の炊き加減を評価すると、各家庭に合う炊き方を学習する炊飯器なども商品化されています。

なお、高度な機能や、生活に役立つ便利な機能を提供する家電を「スマート家電」と、AIを搭載した家電を「AI家電」と呼ぶこともあります。

▶ 家電が学習する機能を持つ 図表36-2

AIがユーザーの好みを分析

洗い上がりの好み
お米の炊き加減の好み

Chapter 5 コンピュータの仕組みを理解しよう

● IoTを実現したのはコンピュータとインターネット

Chapter 1で説明したように、私たちの身の回りの機器や機械の多くが、電子回路とプログラムで制御されています。IoT家電も、もちろんそうです。

そしてIoT家電はインターネットに接続して使うものです。ネットに接続する機器は、セキュリティに注意しないと、外部から不正にアクセスされるおそれがあることを忘れてはなりません。IoT家電も例外ではないのです。

これまで実際に、セキュリティ対策が不十分なIoT機器が不正なアクセスを受けたり、そのような機器を踏み台にしてサイバー攻撃が行われたことが報告されています。様々な機器がネットワークで結ばれるようになった今日、悪意のある攻撃を受けるのは、パソコンやスマートフォンだけでないことを知る必要があります。

▶ IoT機器を使ったサーバ攻撃の例 図表36-3

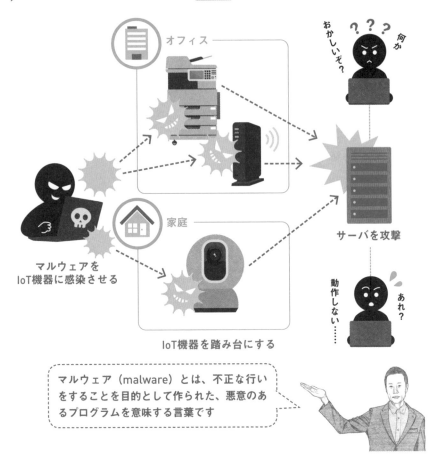

マルウェア（malware）とは、不正な行いをすることを目的として作られた、悪意のあるプログラムを意味する言葉です

⚫ 危険性を理解する

個人が利用するIoT家電に潜む危険性には、大きく2つのことが考えられます。

1つは、お伝えしたように不正にアクセスされ、機器が正しく動作しなくなる、勝手に操作される、あるいはサイバー攻撃に使われてしまうこと。

もう1つは、IoT家電を通して個人情報が盗まれることです。名前や電話番号を登録していなくても、例えば位置情報を扱う家電であれば、住んでいる場所が特定される可能性があります。

使用状況をスマートフォンに送信する機能を持ち、離れた場所に住む高齢者などの安否確認に利用できるIoT家電がありま

す。そのデータから家にいる時間帯を予測できるかもしれません。しかし、そのような情報が外部に漏れれば、空き巣のような犯罪者にとっては好都合です。

また冷蔵庫、オーブンレンジ、炊飯器などに蓄積された食に関するデータから、個人の好みという情報が分析できる可能性があります。消費者の趣味や嗜好は、企業にとってビジネスに利用できる大切なデータです。そのデータが私たちの生活を便利で豊かにするのに使われるなら歓迎すべきことでしょうが、ストーカーなどの悪意のある者に利用されるおそれがまったくないとは言い切れません。

> ネットにつながる防犯カメラが普及した時、誰もが外部からアクセスできる状態でカメラを使う人がいるという報道がされたことを覚えている方もいるでしょう。コンピュータに詳しいなら、自宅に設置した防犯カメラの映像を他人の覗かれるようなミスは犯さないはずです。安全に生活する上でも IT 技術に詳しくなるに越したことはないのです

⚫ IoT家電を安全に使うには

IoT家電は急速に普及しており、使用者がその仕組みをよく知らないまま、ネットに接続している現状があると言われています。私たちの生活を便利で豊かにするはずの家電が、個人のプライバシーを侵

害したり、他人に不利益を与えたりするようであってはなりません。私たちはIoTの危険性を理解し、それらを正しく使う必要があります。利用時は次のことに注意しておきましょう。

▶ IoT家電利用時に気をつけたいこと

- ● 製品を工場出荷時のパスワードや設定のまま使わない
- ● パスワードは推測されやすい単純なものにしない
- ● 機器のファームウェアや、接続するためのアプリを最新版にアップデートする
- ● 不要なサービスは使わない

○ 正しく使えば有意義なIoT

その他、製造元がよくわからない機器をネットで購入して使うことは好ましくありません。また大手メーカーの製品だからといって安心せず、パスワードの変更などを忘れずに、正しく使いましょう。また、企業では、社内のIoT機器の使用状況を把握し、管理者を決めるなどの対策が必要です。

さて、少し怖い話になりましたが、IoTは日常の生活を便利にし、ビジネスの場では業務の負担を軽くしたり、生産性を上げるなど、様々な恩恵が受けられる技術です。危険性を理解した上で正しく使えば怖いことはありません。

> 大手メーカーの製品だからといって安心せず、パスワードの変更などを忘れずに、正しく使いましょう。正しく使えば、怖いことはありません

○ IoTは様々な場所で活躍している

最後に、様々な場所に浸透したIoTの実例をお伝えします。IoTは家電だけではなく、工場などで用いる産業機械や、病院などで用いる医療機器でも活用が進んでいます。IoTが導入されている実例はたくさんあります。私たちの身近なところに普及したIoTを紹介します。

▶ 住宅に用いられるIoT

ハウスメーカーは家全体のシステムをネットに接続し、省エネ、安全性、利便性などを売りにした住宅を販売しています。例えば、セキスイハイムの「スマートハイム」は、家全体を管理する「スマートハイムナビ」というHEMS（Home Energy Management System）システムがあり、太陽光発電システム、家庭用蓄電池、給湯器、空調、照明などと接続し、エネルギー自給自足型を目指す暮らしを提案しています（図表36-4）。

さらにそのシステムはスマートフォンやスマートスピーカーと連動して、下に挙げたようなサービスを提供しています。また、気象警報が発令されたことをシステムが受信すると、停電に備えて自動で蓄電池に電気をためる機能も備えているそうです。

▶ スマートハイムナビでできることの例

- ● 空調や照明をスマートスピーカーに話し掛けて操作する
- ● 宅配便や子供の帰宅をスマートフォンに通知する
- ● 外出先から風呂の湯張りを行う　● 洗濯が終わったことを知らせる

▶ 家全体がネットワークでつながる 図表36-4

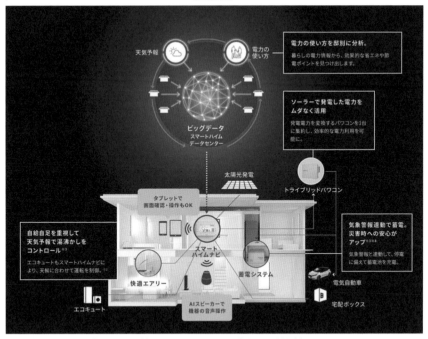

出典：セキスイハイム「省エネ性能（3）スマートハイム・ナビ｜住まいの性能」(https://www.sekisuiheim.com/appeal/hems.html) より引用

▶ 自動車に用いられるIoT

自動車メーカーは、車をネットに接続し、ドアのこじあけをスマートフォンに知らせたり、事故でエアバッグが作動した時、自動的にオペレーターにつなぎ、即座に対応するシステムを搭載した車を販売しています。

例えば、トヨタ自動車のアクアでは「コネクティッドサービス」が利用できます。これは24時間365日、車とトヨタスマートセンターがインターネットでつながることにより、様々なサービスを提供するものです。一例を下記のリストと次ページの 図表36-5 に挙げたので、ご覧ください。このサービスもまさにIoTと言えますね。

▶ アクアで利用できるコネクティッドサービスの例

- ● 音声で窓の開け閉めやエアコンを操作する
- ● スマートフォンでドアの開閉状態を確認したり、車の駐車位置をアプリの地図に表示したりできる
- ● 離れた場所から、スマートフォンでエアコンを作動させたり、ドアをロックする

▶ 自動車がインターネットにつながる 図表36-5

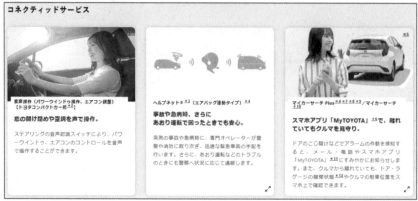

出典：トヨタ自動車「アクア｜特長｜コネクティッドサービス」(https://toyota.jp/aqua/feature/?padid=from_aqua_top_feature_6#ft-conn) より引用

▶ インフラに用いられるIoT

家庭の電気、ガス、水道の使用量を、スマートメーターと呼ばれる機器でインターネットを介して集計する仕組みも普及しています。以前は、検針するスタッフがそれぞれの家を回り、使用量を調べ、料金を印字した明細書などをポストに投函していましたが、人が行っていたその仕事をコンピュータが行うようになったのです。これも技術の発達により社会が変わっていく実例の1つです。IoTは今後、ますます普及することが予想され、それに伴い変化する社会の仕組みも増えていくことでしょう。

▶ 誰もが手にできるIT技術

コンピュータで高度なサービスを生み出す時代になっています。そのようなサービスを自ら作る技術力を身につけるのは難しいかもしれませんが、コンピュータで何ができるかを考えることは誰にでもできます。

これからは「デジタル技術をどう活用するか？」というアイデアを出すことが重要なのです。例えば、昨今、DXに取り組む企業が増えてきました。DXは Digital Transformation（デジタル トランスフォーメーション）の略で、IT技術を使って会社の仕組みを改革することを意味します。単にパソコンなどを導入するだけでなく、社内をネットワークで結び、古い企業体質を刷新したり、AIを用いて顧客の満足する商品やサービスを提供することがDXです。

本書でお伝えしてきたIT全般に関する知識、プログラミング学習の本質、プログラミングの基礎知識は、そのようなアイデアを考え出す上での助けにもなります。

Chapter

6

プログラミングの世界を
広げよう

プログラミングの基礎知識やハードの仕組みを理解した後は、個人の立場によって目指す場所が変わってくることでしょう。この章では今後のプログラミングの学び方や、学習を続ける上で知っておきたい、いくつかの知識について説明します。

37 ［次のステップへ］
基礎知識を身につけた後の学び方のヒント

**このレッスンの
ポイント**

プログラミングやコンピュータに関する知識をどこまで伸ばすとよいかは、個人の立場によって変わってきます。ここではそれぞれの立場から、次に何を学ぶべきかを考えるヒントをお伝えします。

⭕ 立場や希望に合わせて目標を定めよう

学生と社会人では、コンピュータに関する知識や技術をどこまで学ぶべきかが変わってきます。社会人でも、働いている業界や職種、役職にあるのか、経営者なのかなど、立場によって身につけるべきスキルは違います。また、似たような立場にいる方でも、各自の思いは様々です。例えばAさんは「趣味レベルでプログラミングを続け、多少なりとも論理的思考力が増せばよい」と考え、同じ職場のB

さんは「転職したいので、できる限りプログラミングの力をつけたい」と考えるなら、学ぶべきことはずいぶん変わってきます。AさんはScratchなどで、軽い気持ちでプログラミングを続ければよいでしょう。一方、Bさんはソフトウェア開発に用いられるC/C++やPythonなどの言語を学ぶ必要があります。

開発現場で広く使われているプログラミング言語は次のレッスンで説明します。

▶ どこを目指すのかで学び方は変わる 図表37-1

論理的思考をアップして
会議に生かそう

転職を目指して
スキルアップ！

この章でお伝えするヒントを参考に、みなさんの将来像を描いていただければと思います

● 学び方によって費用も変わる

プログラミングを本格的に学ぶ、主な方法から説明します。

何を学ぶにしても「独学で学ぶ」と「誰かに教えてもらう」という選択肢があります。プログラミングの場合、「独学か、教わるか」は、「お金をかけるか、かけないか」ということに大きく影響します。費用の面から学び方を検討できるように、学び方とかかる費用のイメージを 図表37-2 にまとめたので参考にしてください。

▶ 独学か、教わるかの違い 図表37-2

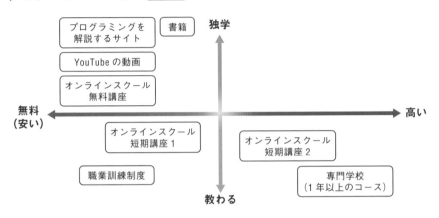

※オンラインスクールの無料講座、短期講座1、短期講座2の違いは、この先で順に説明します

● 独学する際は情報収集を

独学には、書籍で学ぶ他に、インターネットを活用する方法があります。このうち、無料体験できるオンラインスクールの学習サービスは、短時間の映像授業＋ウェブ上で行う練習問題などで、初歩的な知識が学べます。様々なサービスがあるので、興味を持たれた方はネットで調べてみましょう。

なお、みなさんは本書を用いて、既に書籍で学んでいます。Lesson 45で書籍の選び方をお伝えしていますので、今後も書籍で学ばれる方は、そちらも参考に次の本を探しましょう。

▶ インターネットで学べること

- プログラミングの基礎知識を解説するウェブサイト
- YouTube のプログラミング解説動画
- オンラインスクールの講座で、無料で体験できるもの

○ 学校で学ぶ際にかかる費用

学校で学ぶには、各種の法人が運営するオンラインスクールに入り、1か月から半年程度の時間をかけて学ぶ方法と、専門学校に入学して1〜2年かけて学ぶ方法があります（本書では半年以内の講座を短期と表現します）。

オンラインスクールの短期コースには様々なものがありますが、大きく下記の2つのタイプがあります。これらのサービスは、学習内容や運営する会社によって金額が違いますが、一般的に①映像授業で学ぶもので1コース数千円から数万円、②専任の講師がつくもので1コース十数万円から数十万円の費用がかかります。

また、専門学校に入学して学ぶには、1年間で百万円前後の学費が必要です。

ここで示した金額は1つの目安です。プログラミングスクールにはさまざまなものがあり、学習内容と金額に、かなりの開きがあります。いずれにしても安いものではないので、入学を考えるなら、しっかり下調べをしましょう。

▶ オンラインスクールの短期講座

① 映像授業を購入して視聴し、穴埋め問題などを行いながら、自分で学ぶサービス（図表 37-2 で短期講座 1 としたもの）

② 専任の講師がつき、講義時間を予約して個別指導を受けることのできるサービス（図表 37-2 で短期講座 2 としたもの）

※①と②の中間のようなものや、対面による授業を行うものなど、様々なサービスがあります

オンラインスクールの多くは、授業内容の紹介動画を用意しており、また実際の授業を、ある程度まで無料視聴できるものもあります。それらを確認するなどして、自分に合ったサービスを選ぶことをおすすめします

○ その他の学び方

その他の学び方として、求職中の方は、国の職業訓練制度を利用する方法があります。厚生労働省が「ハロートレーニング」という職業訓練制度を用意し、コンピュータに関するスキルとして、ビジネスに必要なパソコンの基礎、ウェブ関連の業務や技術、プログラミングなどを教えています。興味を持たれた方は厚生労働省のウェブサイトで情報を確認したり、地元のハローワークが提供するサービスを調べましょう。

希望する内容の訓練が、すべての都道府県で行われているわけではありませんが、格安の自己負担金で学ぶことができますので、利用できる方は活用しない手はありません。

[様々なプログラミング言語]

38 プログラミング言語の種類を知ろう

このレッスンの
ポイント

ソフトウェア開発はビジュアルプログラミング言語ではなく、キーボードで入力するタイプのプログラミング言語で行われます。本格的な学習をはじめたい方に向けて、代表的なプログラミング言語を紹介します。

○ 主要なプログラミング言語

プログラミングを本格的に学ぶには、キーボードからプログラムを手入力する言語の中から、いずれかを選ぶ必要があります。ここではソフトウェア開発の場で広く使われているプログラミング言語を紹介します。

プロのプログラマーは、ここで紹介するプログラミング言語を使って仕事をしています。ソフトウェア開発の仕事は拡大しており、複数の言語を使うプログラマーも増えています。

▶ C言語、C++（シー・プラスプラスあるいはシー・プラプラ）

C言語は1970年代、C++は1980年代に作られた、歴史のあるプログラミング言語です。C言語やC++は企業のシステム開発、家電や機械の中で動くプログラム開発（組み込みシステム）、ゲームソフト開発など、幅広い分野で用いられています。C言語やC++で記述したプログラムは、コンピュータが直接解釈できるマシン語に変換（コンパイル）されて、ソフトウェ

アになるので、C/C++で開発したソフトは高速に動作する利点があります。

現在、普及しているプログラミング言語のほとんどは、C言語やC++の影響を受けて作られたものです。特に文法がCやC++に似通った言語をC系言語と呼ぶこともあります。プログラマーとして活躍したい方にとって、C/C++は、一度は学ぶべき標準的なプログラミング言語です。

C++ はC言語を発展させたもので、C++ の開発環境でC言語のプログラムを記述できます。逆にC言語のみの開発環境では C++ は使えません

▶ C#(シー・シャープ)

C#は2000年代にMicrosoft社が開発したプログラミング言語です。C++の流れを汲み、Javaという言語からも影響を受けて作られました。基本的な文法はC++やJavaのように記述します。Windowsアプリケーションの開発や、Unityというツールと組み合わせて、スマートフォンのアプリ開発などに用いられます。

▶ Java(ジャバ)

1990年代に登場したプログラミング言語で、C++に似た文法になっています。Javaは様々なハードでプログラムを動かすことができる仕組み(仮想マシンと言います)を持つことが特徴です。C/C++と同様に、企業のシステム開発やゲームソフト開発など、様々な分野で使われています。また、Javaはサーバ側で動くプログラムの開発などにも用いられています。

▶ JavaScript(ジャバ・スクリプト)

1990年代に登場したプログラミング言語で、ホームページの裏側(ブラウザ上)で動く言語です。上記のJavaと名前が似ていますが、JavaScriptとJavaはまったく異なる言語です。JavaScriptのプログラムを用いると、ウェブサイトの文章や写真などをリアルタイムに変化させることができます。そのため、ウェブアプリの開発にも用いられています。

▶ Python(パイソン)

1990年代初頭に登場した、比較的、歴史のある言語です。企業のシステム開発や学術研究の分野で用いられています。Pythonは他の言語より命令や文法がシンプルで、短い行数でプログラムを組めます。また数値計算に強い特徴があります。日本では2010年代に人気が高まり、多くの企業が用いるようになりました。AIの研究開発などもPythonを用いて盛んに行われています。

学生が学びやすい言語として、高校で学ぶプログラミングにもPythonが採用されるようになりました

▶ Swift（スウィフト）

2010年代に登場した、MacやiPhoneなど
アップル製品のプログラム、アプリケー
ションを開発するための言語です。Swift

でWindows用ソフトウェアも作れますが、
Windowsソフトを開発する主な言語はC#
やJavaです。

▶ VBA（Visual Basic for Applications）

マイクロソフトのExcelやWordなどのオフ
ィスソフトの処理を制御するプログラミ
ング言語です。Excelなどの処理を自動化
するプログラムを作ることができます。

たまにVBAで作られたゲームソフトが話
題になることがありますが、それらは作
者の創意工夫により完成させたもので、
本来、VBAはゲーム開発には向きません。

> 各言語には開発分野に向き不向きがあり
> ます。自分のやりたいことや作りたいも
> のがその言語で実現できるかどうか、事
> 前に確認しておきましょう

▶ GAS（Google Apps Script）

グーグルがJavaScriptをベースに開発した
プログラミング言語です。グーグルのス
プレッドシート、カレンダー、Gmailなど
から情報を取得したり、それらのツール
の処理を自動化したりするプログラムを
作ることができます。

グーグルのサービスを利用する企業が増
え、GASでプログラムを組むプログラマ
ーも増えています。GASはJavaScriptがベ
ースなので、JavaScriptを学べばGASでも
プログラミングできるようになります。

▶ その他の言語

ここで紹介した他に、サーバで動くプロ
グラムの開発に用いるPHPやPerl、日本人
が開発しているRuby、1950年代に作られ
た伝統的な言語のFortranやCOBOL、CPU
が8bitだった時代に広く普及したBASIC、

最も古い歴史を持つアセンブリ言語、初
心者が趣味で学ぶのに適したHSPなど、
さまざまなプログラミング言語がありま
す。

◯ プログラミング言語には難易度がある

プログラミング言語には、理解しやすく短期間でプログラムを組めるようになるものから、時間をかけてじっくり学ばないと身につかないものまで、幅広い難易度があります。主な言語を易しいものから難しいものの順に並べると、図表38-1のようになります。

プログラミング初心者や文系の方が、Scratchを学んだ後に学ぶとよい言語として、Pythonをおすすめします。　またJavaScriptも学びやすい言語です。次のレッスンでPythonの学び方を、その次ではさらにJavaScriptの学び方をお伝えします。

▶ プログラミング言語の難易度 図表38-1

JavaScript を本格的に使うには HTML や CSS の知識も必要で、それらすべてを学ぶと難易度は上がりますが、初歩的な処理を行うだけなら、JavaScript は C++ や Java より簡単にプログラムを組めます。そこで本書ではこの順としています

Lesson 39

［おすすめのプログラミング言語①］

実用性・将来性ともに高い Pythonを学ぼう

**このレッスンの
ポイント**

Pythonは文系やプログラミング初心者の方、学生が学ぶの
に適したプログラミング言語です。ここではPythonの特徴
について詳しく説明し、次のステップに進むための学び方
のヒントをお伝えします。

○ Pythonについて

Pythonはソフトウェア開発や学術研究の
分野で広く用いられているプログラミン
グ言語です。近年、企業や教育機関など
で使われる主要なプログラミング言語の

1つになりました。
Pythonは人気が高まり、多くのプログラ
マーが用いるようになりました。それは
下記に挙げたような理由からです。

▶ Pythonの公式サイト 図表39-1

出典：https://www.python.org/

Python はニシキ
ヘビという意味
で、Python のロ
ゴには 2 匹の蛇
のイメージがあし
らわれています

▶ Pythonの人気の理由

- 命令の使い方や文法（プログラムの記述ルール）が簡潔でわかりやすい
- 他のプログラミング言語よりも短い行数でプログラムを組める
- 記述したプログラムを即座に実行して動作確認できるので、開発効率に優れている
- ライブラリや拡張機能が豊富で、それらの多くが使いやすい

◯ Pythonでできること

Pythonでは、主に下に挙げたようなプログラムを作ることができます。

Pythonは基本機能だけで様々な分野のプログラムを作ることができ、拡張機能を追加すると、さらに広い分野の開発が可能です。例えばAI開発はPythonの拡張機能を使って行います。

ただし、どのプログラミング言語にも、開発しやすい分野と、しにくい分野があります。Pythonは苦手な分野の少ない言語ですが、やはり開発しにくいものもあり、例えば趣味のゲーム開発用ライブラリは充実していますが、商用のゲーム開発には本書執筆時点では対応していません。

▶ Pythonで作れるプログラム

- 企業で使うシステムやソフトウェア
- 仕事を自動化、効率化するツール
- ウェブ上のサービス
- データ処理、データ分析を行うプログラム
- 機械学習、音声認識、人工知能などの研究開発
- 大学や研究機関で使う学術研究に関するプログラム
- 学生がプログラミングを理解するための練習用のコード
- 趣味のコンピュータゲームやグラフィック処理

筆者は Python を学校での教育、アルゴリズムの研究、趣味のゲーム開発などに使っています

◯ Pythonをおすすめする理由

Pythonをおすすめするのは、大きく2つの理由からです。1つは記述の仕方がシンプルで初心者が学びやすいこと、もう1つは多くの企業が採用し、教育にも取り入れられた将来性のある言語だからです。記述の仕方がどれくらいシンプルかを、C++やJavaの書き方と比べてみます。

図表39-2 は、どれも画面に「こんにちは」という文字列を出力するプログラムです。C++やJavaは、文字列を出力する命令以外に、プログラムを動かす準備として、いくつかの命令を記述する必要があります。一方、Pythonは、文字列を出力する命令だけを記述すればOKです。

▶「こんにちは」と出力するプログラム 図表39-2

Python	C++

`print("こんにちは")`	`#include <iostream>`
	`using namespace std;`
	`int main(void){`
	`    cout << "こんにちは" << endl;`
	`}`

Java	

```java
public class Main {
    public static void main(String[] args) {
        System.out.println("こんにちは");
    }
}
```

このようにシンプルに記述できることが、Python が人気のある理由の1つです

◯ Pythonは将来性がある

Pythonは広く普及し、多くの開発現場で使われるようになりました。グーグルなどの大手企業も社内の開発言語の1つとしてPythonを採用しています。
また、Pythonは高校や大学など教育の場でも使われるプログラミング言語になり

ました。コンピュータとプログラミングの知識を問う国家試験である「基本情報技術者試験」の問題にも加わるなど、情報処理を学ぶ人たちにとっても、触れる機会の多い言語になっています。

Python は世界的にも人気があり、Python の拡張機能の開発も、世界中で盛んに行われています

● 公式サイトを覗いてみよう

本レッスンの冒頭に掲載したPythonの公式サイトを開いてみましょう。ブラウザで次のURLにアクセスしてください。
https://www.python.org/
Pythonを使えるようにするにはいくつかの方法がありますが、プログラミング初心者の方は、公式サイトからインストールすることをおすすめします。インストール方法は、Pythonの学習本を参考にしたり、信頼できるウェブサイトの情報を参考に行ってください。

● Pythonの学び方のヒント

独学でのPythonの学び方をお伝えします。まず頼れる書籍を一冊、手に入れましょう。多くの出版社から、Pythonを学ぶための本がたくさん出ています。自分のレベルにあったものを手に入れたら、掲載されているサンプルプログラムを自分の手で入力することをおすすめします。それがプログラミングを上達させる近道です。

難しい箇所に出会ったら、そこまでを復習するのもよいですが、いったん最後まで読んでみることもおすすめします。プログラミングは、ある部分がわからなくても、その先で別の知識を学ぶと、わからなかった箇所が理解できることがあるからです。

それから一通り読んだら、二周目を繰り返しましょう。学校の教科がそうであるように、プログラミングの学習本も一回読んだだけですべてを理解するのは難しいものです。プログラミングも繰り返すことで知識が身につきます。一冊の本を最低二周してから次の本に進むとよいでしょう。

Pythonの書籍は、初心者向け入門書、社会人向けの仕事の自動化、技術者向けのデータ収集やデータ解析を教える本、玄人向けのAI開発や医療分野への応用を解説する本など、様々な内容のものが出ています。自分の技量と目的にあった本を選ぶことが大切です。

書籍選びのヒントを Lesson 45 でお伝えしていますので、そちらも参考になさってください

Lesson ［おすすめのプログラミング言語②］

40 ウェブサイト・アプリに強い JavaScriptを学ぼう

**このレッスンの
ポイント**

JavaScriptもプログラミング初心者が学びやすい言語の1つです。ここではJavaScriptの特徴について説明し、ビジュアルプログラミング言語の次のステップに進むための学び方のヒントをお伝えします。

◯ JavaScriptについて

JavaScriptはブラウザ上で動くプログラミング言語です。Edge、Safari、Chromeなど、どのブラウザにもJavaScriptを実行する機能が備わっています。

図表40-1 は、Edgeにある開発者ツールで、Yahoo! JAPANのウェブサイトがどのよう

に作られているかを調べた様子です。右側のHTMLのコードの中に、<script>〜</script>という記述が複数あります。それらがJavaScriptのプログラムを読み込んで実行するための記述です。

▶ ウェブサイトのプログラム 図表40-1

出典：https://www.yahoo.co.jp/

HTML はウェブサイトを構成するコードのことです。<script> と </script> は、構成を記述するタグと呼ばれるものです。JavaScript は <script> と </script> の間に記述する決まりがあります

◯ JavaScriptでできること

JavaScriptの主な用途は、ブラウザに動的な処理を行わせることです。動的な処理とは、閲覧したタイミングによって文章の内容を変えたり、時間が経過するごとに写真やイラストを変更したりすること などをいいます。

JavaScriptはPythonのように多様な分野の開発には向きませんが、ウェブアプリの開発を中心に力を発揮します。

▶ JavaScriptで作れるもの

- ● 動的なウエブサイトの作成
- ● ウェブ上のサービス、ウェブアプリケーションなどの開発

> JavaScript で作ったプログラムは、パソコンやスマートフォンなどのブラウザが搭載された機器すべてで動きます。ちなみに筆者は JavaScript でブラウザ上で遊べるゲーム開発も行っています

◯ JavaScriptがおすすめの理由

プログラミング初心者が学ぶ言語としてJavaScriptもおすすめです。それは下に挙げた3つの理由からです。

①と②は相反することのように感じられる方もいると思いますが、簡単な処理を行わせるだけなら、JavaScriptは必要な命 令を記述するだけで動きます。例えば「こんにちは」と文字列を出力するなら、図表40-2のように1行記述すればOKです。コンソールとは、開発用にデータを出力するブラウザの機能で、どのブラウザにも備わっています。

▶ JavaScriptで作れるもの

- ① **Python のように必要な命令だけを記述すればよい**
- ② **広く普及している C 系言語に文法が近く、JavaScript を学ぶことで C/C++ や Java も学びやすくなる**
- ③ **特別な開発環境が不要で、パソコンさえあればプログラミングできる**

▶ 「こんにちは」と出力するJavaScriptのプログラム例 図表40-2

例1) ブラウザのコンソールに文字列を出力	`console.log("こんにちは")`
例2) ポップアップウィンドウで文字列を表示	`alert("こんにちは")`

本格的な開発へもステップアップしやすい

現代のソフトウェア開発は、ある程度、大きな規模になると、オブジェクト指向という概念によるプログラミングが主流です。C++やJavaで行う開発では、オブジェクト指向の考えに基づき、クラスというものを定義してプログラミングします。JavaScriptもオブジェクト指向でプログラムを記述でき、本格的な開発にも向きます。

つまりJavaScriptは、簡単な処理なら必要な命令を羅列するだけで動かすことができ、本格的に開発するなら、C系言語と同じルールで、オブジェクト指向でプログラムを作れるという、いいとこ取りの言語なのです。

Pythonもオブジェクト指向プログラミングに対応しています。オブジェクト指向は初心者には難しい概念です。本書でみなさんが学ぶ必要はないので、詳しい説明は省略します

JavaScriptはパソコンさえあれば動く

多くのプログラミング言語は、開発を始める前に開発環境の準備が必要です。例えばPythonを使うには、前レッスンで触れたようにPythonをインストールする必要があります。一方、JavaScriptでのプログラミングに特別な準備は不要です。Windows付属のメモ帳やMac付属のテキストエディットでJavaScriptのプログラム

を記述し、それをブラウザで実行することで動作を確認できます。

JavaScriptによるプログラミングはパソコンさえあればできるのです。ただしプログラムを記述するには、通常、プログラムの入力に適したテキストエディタを使います。参考に有名なテキストエディタを紹介します。

▶ **無料で使えるテキストエディタ** 図表40-3

Visual Studio Code	マイクロソフトが開発しているテキストエディタ。C/C++、Java、JavaScript、Pythonなど多くのプログラミング言語に対応。ダウンロードURL▶https://code.visualstudio.com
Atom	GitHub社が開発しているテキストエディタ。こちらも多くのプログラミング言語に対応している。ダウンロードURL▶ https://atom.io/

どちらも多くのプログラマーが使っているエディタで、誰もが無料で使うことができます

○ JavaScriptは将来性がある

重要な社会基盤となったインターネット
は今後も発展し続けます。私たちはこれ
まで以上に、ウェブサイトから様々なサ
ービスにアクセスするようになるでしょ
う。

そのようなサービスの多くはJavaScriptで

開発されます。インターネットの発展と
ともに、JavaScriptを扱える技術者の需要
も増すことでしょう。そのような点から
JavaScriptは将来性のあるプログラミング
言語と言えます。

○ JavaScriptの学び方

JavaScriptを学ぼうと思われる方は、前レ
ッスンのPythonの学び方でお伝えしたよ
うに、自分の技量や目的に合う本を手に

入れ、まずは独学を始めることをおすす
めします。Lesson 45の学び方のヒントも
参考にしてください。

Python や JavaScript でプログラミングの
基礎知識をしっかり身につけた後、C++ や
Java などに挑戦することで、難しいプログ
ラミング言語をスムーズに習得する方法も考
えられます

Lesson

41

[プログラミングの知識を広げる①]

基礎知識の総まとめと「配列」「関数」について

このレッスンの
ポイント

本書で学んでいただいたプログラミングの基礎知識をここで一挙にまとめます。また、プログラミングの学習をさらに進める方にとって必要な知識である、「配列」と「関数」についても説明します。

◯ 基礎知識の総ざらい

プログラミングを習得するために必要な基礎知識を図表41-1にまとめました。
本書ではScratchでゲームを作りながら、入力と出力、変数、条件分岐、繰り返し

を学びました。その他にアンダーラインで示した配列と関数という大切な知識があります。本レッスンでは、それら2つについて説明します。

▶ プログラミングの基礎知識 図表41-1

基礎知識	内容
入力と出力	コンピュータにデータを入力する／コンピュータからデータを出力する
変数と配列	数値や文字列などのデータを扱うために、コンピュータのメモリ上に用意される箱のようなもの。変数や配列にデータを代入し、計算などを行う
条件分岐	プログラムの処理を、何らかの条件により、分岐させる仕組み
繰り返し	処理を一定回数、繰り返す仕組み
関数	よく用いる処理を、使いやすいように、プログラムのどこかにまとめて記述する仕組み

どのプログラミング言語を学ぶ時も、これらを理解することが大切です

NEXT PAGE ➡

⭕ 配列とは

配列は、複数のデータを管理するために用いる、番号の付いた変数です。データを1つずつ扱う時は変数を使いますが、複数のデータをまとめて扱う時は配列を用います。例えば5人分の名前を扱うなら、配列（番号を付けた複数の変数）を用意し、そこに名前を入れます。そして0番目の名前、1番目の名前というように、何番目の名前を扱うかを指定します。イメージで表すと 図表41-2 のようになります。

▶ 配列のイメージ 図表41-2

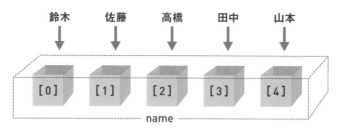

name と名前を付けた配列（5つの箱）を用意し、データをまとめて扱う

⭕ Scratchで配列を使うには

Scratchでは配列をリストと呼びます。[変数]にある［リストを作る］で、配列（リスト）を作ることができます。

図表41-3 は「挨拶」という名前を付けた配列を用意し、配列の値を「おはよう」「こんにちは」「こんばんは」にしています。

それらの文字列を、スクラッチキャットのセリフとして順に出力するプログラムです。配列の番号は、多くのプログラミング言語で0から始まりますが、Scratchでは1から始まります。

▶ Scratchのリスト 図表41-3

○ 関数とは

関数とは、プログラムの中で何度も行う処理や、ある程度分量のある処理を、1つのまとまりとして記述したものです。

例えばプログラムの数か所で同じ処理を行う時、それを関数として1か所に記述し、関数にわかりやすい名前を付けます。そしてプログラムの必要なところで、その関数を呼び出す（実行する）ようにします。これをイメージで表すと 図表41-4 のようになります。

何度も行う処理を関数として定義すれば、無駄がなく、他のプログラマーが見たときに判読しやすいプログラムを記述できます。

関数はプログラムを組む人が自由に作ることができます。例えば関数にデータを与え、それを加工し、新たなデータを返す関数（例：税抜き価格を与え、税込み価格を返す関数）などを作ることができます。

▶ 配列のイメージ 図表41-4

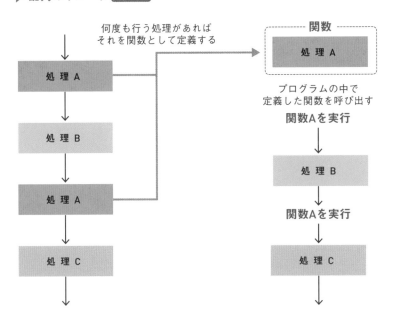

ここでは関数の概要を知れば OK ですが、プロのプログラマーを目指す方は、関数の意味をしっかり理解する必要があります

○ Scratchで関数を作るには

Scratchでは［●ブロック定義］で関数を定義できます。次の図は、税抜き価格から、税込み価格を計算し、セリフとして出力する関数を用意して、実行した例です。

▶ 関数の使用例 図表41-5

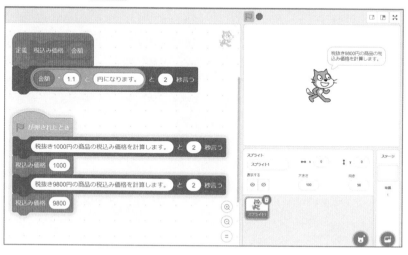

👍 ワンポイント　基礎知識はしっかりと

プログラミングと一括りに言っても、コンピュータゲームのプログラムと、医療機器の中で動くプログラムでは、記述する内容はまったく違います。また1つの機器の中で動作するスタンドアロンのプログラムと、ネットを介して複数の機器がデータをやり取りするシステムでは、処理の内容は大きく異なります。記述内容はソフトウェアごとに違いますが、どのようなプログラムであっても、入力と出力、変数や配列、条件分岐、繰り返し、関数を用いて、いろいろな命令や計算式を組み合わせて完成させます。ですから何を作るにしても、基礎知識をしっかり理解しておく必要があります。

Lesson

[プログラミングの知識を広げる②]

42

学ぶ機会が必ず出てくる アルゴリズムについて知ろう

このレッスンの
ポイント

プログラミングを学んでいくと、アルゴリズムについても
学ぶ機会が訪れます。ここではアルゴリズムとはどのような
ものか概要を説明し、みなさんが学習の過程で学ぶ機会
が出てきた場合に備えていただきます。

○ アルゴリズムとは

アルゴリズムとは、問題を解決する一連の手順を意味する言葉です。この言葉は、古くは筆算を意味しました。大きな数の計算を暗算で行うことは難しいですが、筆算を使えば、大きな数でも掛け算や割り算の答えを求めることができます。筆算は計算する時の重要な手法であり、それを意味する言葉が、やがて問題を解く手法全般を意味するようになりました。今日ではプログラミングや数学などの分野でアルゴリズムという言葉で使われています。

世の中には様々なアルゴリズムがあります。例えば高校数学で学ぶアルゴリズムに、2つの自然数の最大公約数を求める「ユークリッドの互除法」があります

○ プログラミングにおけるアルゴリズム

コンピュータプログラムのアルゴリズムとは、ある処理を行う手順をフローチャートなどで表したもの、あるいは実際にそれをプログラミング言語で記述したものを指します。

コンピュータでデータを扱う有名なアルゴリズムに、ばらばらに並んだ数値を順に並べ替えるソートや（図表42-1）、複数のデータの中から目的の値を探すサーチがあります（図表42-2）。

▶ アルゴリズムの例 ソート 図表42-1

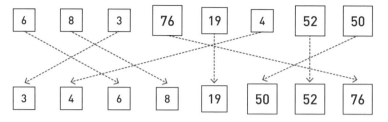

※ばらばらな値を、小さなもの、あるいは大きなものから順に並べ替えます

▶ アルゴリズムの例 サーチ 図表42-2

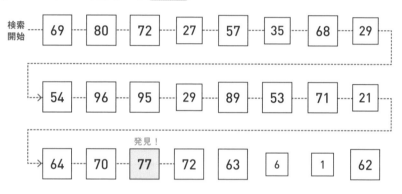

※目的の値を探す処理で、この図は77をコンピュータに探させるイメージです

○ 組み合わせて使われることも

ソートやサーチのアルゴリズムは様々な処理に用いられます。例えばソートは単語を五十音順やアルファベット順に並べる時に使われ、サーチは文書内の単語を検索する時に使われます。

ソフトウェアはいろいろなアルゴリズムを用いて作られています。複数のアルゴリズムを組み合わせてプログラムを記述することも、よくあります。

コンピュータの中では、単純なものから、複雑なものまで、たくさんのアルゴリズムが働いているのです

Lesson 43

[プログラミングの知識を広げる③]

翻訳アプリの作成で
高度な技術を体験しよう

このレッスンの
ポイント

AIの発展により、翻訳の精度が進歩しています。実は
Scratchの拡張機能を使うと、翻訳を行うプログラムを作る
ことができます。このレッスンでは翻訳機能を持つアプリ
を作り、コンピュータに関する知識をさらに増やします。

◯ Scratchの拡張機能で翻訳アプリを作る

Scratchには楽器を演奏する、ペンで絵を
描く、カメラで動きを検知するなどの拡
張機能があります。拡張機能は、プログ
ラム作成画面左下にある［拡張機能を追

加］というボタンから追加できますが、
その中に言語を翻訳する機能もあるので
す。ここではその拡張機能を使って、翻
訳を行うプログラムを作ります。

▶ Scratchの［拡張機能を追加］ボタン 図表43-1

他にも micro:bit や
LEGO の製品を扱う
ものなど様々な機能
があります

ここをクリックして
追加する

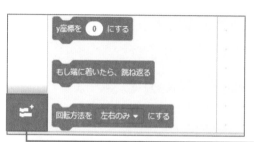

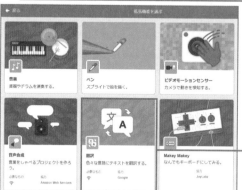

1 翻訳の機能を追加する

Scratchの画面左上の［作る］をクリックしてプログラム作成画面を開いておきます。

1 画面左下の［拡張機能を追加］をクリックします。

2 ［翻訳］をクリックします。

3 カテゴリーの一番下に［翻訳］が追加されます。

(P) POINT

［翻訳］をクリックすると、他のブロックと同じように、ブロックパレットに翻訳に関するブロックが表示されます。

Scratch の翻訳の機能はグーグルが技術を提供しています

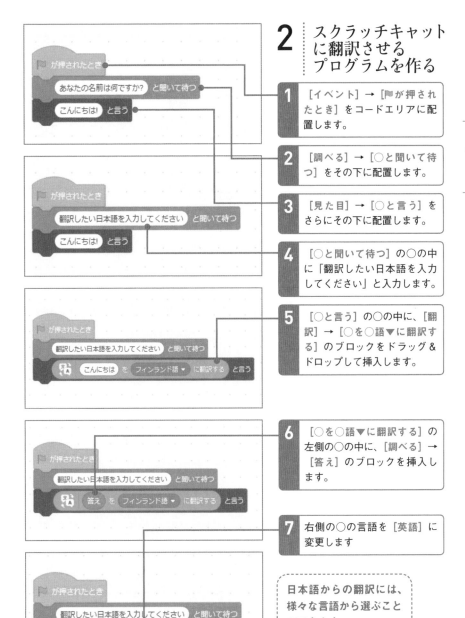

2 スクラッチキャットに翻訳させるプログラムを作る

1 [イベント] → [🚩 が押されたとき] をコードエリアに配置します。

2 [調べる] → [○と聞いて待つ] をその下に配置します。

3 [見た目] → [○と言う] をさらにその下に配置します。

4 [○と聞いて待つ] の○の中に「翻訳したい日本語を入力してください」と入力します。

5 [○と言う] の○の中に、[翻訳] → [○を○語▼に翻訳する] のブロックをドラッグ＆ドロップして挿入します。

6 [○を○語▼に翻訳する] の左側の○の中に、[調べる] → [答え] のブロックを挿入します。

7 右側の○の言語を [英語] に変更します

日本語からの翻訳には、様々な言語から選ぶことができます

NEXT PAGE ➜

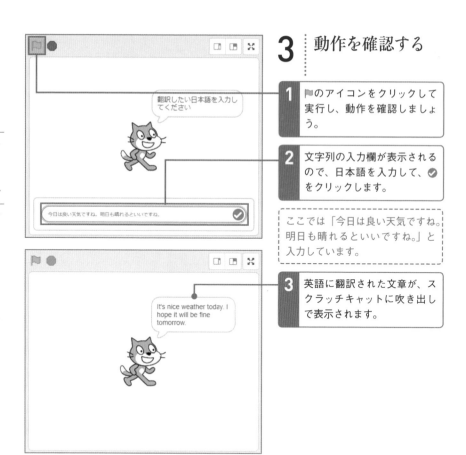

3 動作を確認する

1 ▶のアイコンをクリックして実行し、動作を確認しましょう。

2 文字列の入力欄が表示されるので、日本語を入力して、✓をクリックします。

ここでは「今日は良い天気ですね。明日も晴れるといいですね。」と入力しています。

3 英語に翻訳された文章が、スクラッチキャットに吹き出しで表示されます。

翻訳したい日本語を入力してください

今日は良い天気ですね。明日も晴れるといいですね。

It's nice weather today. I hope it will be fine tomorrow.

Point 翻訳されない時は

翻訳処理はインターネットを介して行われます。ネットの状況などにより、稀にうまく翻訳されないことがあります。また、なかなか翻訳が表示されないこともあります。ブロックの配置を見直して間違いがないのに、翻訳されない時は、時間を空けて試してください。

○ プログラムの説明

たった5個のブロックで翻訳アプリを作ることができました。その処理は、▶が押された時、[○と聞いて待つ]で文字列の入力を受け付け、入力した文字列（答え）を、[○を○語▼に翻訳する]のブロックで翻訳し、それを[○と言う]を使って出力しています。このプログラムからも、入力・演算（翻訳）・出力がコン

ピュータの大切な機能であることがよくわかるのではないでしょうか。
なお、ここではじめて登場した[答え]のブロックは、Scratchに用意されている変数の1つです。[○と聞いて待つ]のブロックを実行した時、入力した文字列が[答え]に代入されます。

▶ **作成したプログラムの全体** 図表43-2

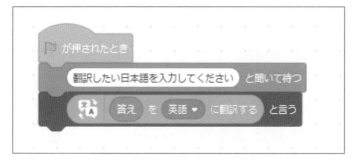

翻訳技術は近年、格段に進歩し、例えばウェブサイトを閲覧するブラウザには、精度の高い翻訳機能が組み込まれ、誰もがそれを利用できます。これもプログラムの発達がもたらした恩恵です

44

[プログラミングの知識を広げる④]

音声合成アプリの作成で
高度な技術を体験しよう

このレッスンの
ポイント

合成音声の技術もAIにより進歩しています。Scratchの拡張機能で、音声合成のプログラミングができます。音声合成のアプリを作り、コンピュータ技術の知識を、さらに増やしましょう。

⚫ 音声合成を利用し、読み上げアプリを作る

音声合成とは機械やコンピュータを用いて、音声を作り出す技術の総称です。音声合成は古くから様々なサービスに用いられてきましたが、一昔前のコンピュータが作り出す音声の発音は、人の話し言葉と比べて違和感があるものでした。それが近年、機械学習などの手法で技術が進歩し、コンピュータの発音が人の発する言葉の発音に近づいています。

Scratchでは前レッスンで紹介した［拡張機能を追加］ボタンから、音声合成の拡張機能を利用できます。ここでは、入力した日本語のテキストを読み上げるアプリを作ります。

▶ Scratchの音声合成 図表44-1

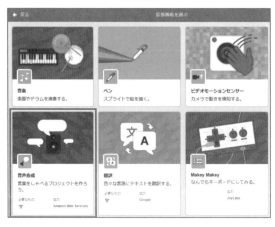

音声合成の歴史は古く、初期の音声合成機器として、1939年のニューヨーク万国博覧会で、鍵盤を押すと電気回路で音声を発する装置が実演されたそうです

1 音声合成の機能を追加する

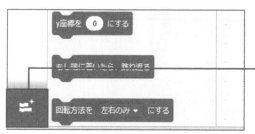

1 Scratchのプログラム作成画面を開き、画面左下の［拡張機能を追加］をクリックします。

2 前ページの図表44-1の画面にある［音声合成］をクリックします。

3 コードの欄に「音声合成」のカテゴリが追加され、音声処理のブロックが使えるようになります。

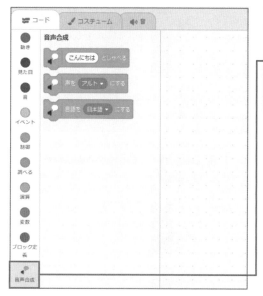

Scratchの音声合成の機能はアマゾンが技術を提供しています

2 スクラッチキャットをしゃべらせるプログラムを作る

1 ［イベント］→［🏴 が押されたとき］をコードエリアに配置します。

2 ［調べる］→［○と聞いて待つ］をその下に配置します。

3 ［○と聞いて待つ］の○の中に、「ボクにしゃべらせたい文章を入力してね」と入力します。

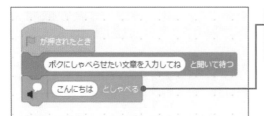

4 ［音声合成］→［○としゃべる］のブロックを一番下につなげます。

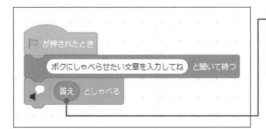

5 ［調べる］→［答え］のブロックを、［○としゃべる］の○の中に、ドラッグ＆ドロップして挿入します。

3 動作を確認する

1 ▶のアイコンをクリックして実行し、動作を確認しましょう。

2 文字列の入力欄が表示されるので、日本語を入力して、✓をクリックします。

ここでは「ボクはスクラッチキャット。自然な日本語を話すことができるよ」と入力しています。

なかなか流暢な日本語に聞こえたのではないでしょうか？　音声合成という高度な技術を手軽に体験できるのも、Scratch の優れたところです

◯ プログラムの説明

たった4個のブロックで音声合成アプリを作ることができました。その処理は、🚩が押された時、[◯と聞いて待つ]で文字列の入力を受け付け、入力した文字列（答え）を、[◯としゃべる]のブロックで発音させています。このプログラムでも、コンピュータの大切な機能である入力・演算（音声合成）・出力という流れで、処理が行われていることが実感できるでしょう。

> プログラムを作る時の楽しい気持ちが、私がプログラミングを長年続けているモチベーションの1つになっています。翻訳や音声合成のプログラミング体験で、みなさんにプログラミングの楽しさをお伝えできたようでしたら、嬉しく思います

👍 ワンポイント　他の言語へ切り替えるには

ここで作成した音声合成による読み上げは、Scratchにサインインしている言語（本書では日本語）がデフォルトの言語になっています。従って、入力欄に英語で文章を入力しても流暢な発音にはなりません。英語など他の言語の読み上げをしたい場合は、[言語を◯語▼にする]のブロックを追加し、[◯語▼]の部分を[英語]などに指定すればOKです。日本語の読み上げに戻した

い時は[◯語▼]の部分を[日本語]に戻します。

なお、そうして追加したブロックを削除して元のプログラムに戻したい場合は、[◯語▼]の部分を[日本語]にした状態のまま、[言語を◯語▼にする]のブロックを削除します。[英語]など他の言語のままだと、英語のままになってしまいますので注意しましょう。

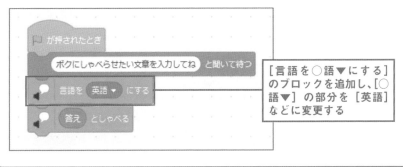

[言語を◯語▼にする]のブロックを追加し、[◯語▼]の部分を[英語]などに変更する

45

まずはできることから。独学のススメ

このレッスンの
ポイント

> 最後のレッスンとして、独学のコツをお伝えしておきます。インターネットが普及した現代は、様々な側面から独学しやすい環境が整っていると言えます。このレッスンがみなさまの次のステップに向かうヒントになれば幸いです。

● 独学は今の時代に合った学び方

筆者は、できるところまで独学でプログラミングを学ぶことをおすすめします。今はブログなどでプログラミングの知識を教えたり、YouTubeなどでプログラミングの学び方を解説する方がいます。何よりプログラミングを学べる書籍が、たくさん出ています。それらの中から良質のコンテンツや本を選んで学び始めれば、費用はほとんどかかりません。

書籍を中心に学び、理解を深めるためにネットを活用する学習法をおすすめします。書籍を第一に推奨するのは、本に書かれた知識は編集者と出版社がフィルターをかけて世に出したもので、誰もが情報発信できるネットに比べて正確だからです。また書籍は何らかのテーマや、ある分野を一通り学べる形で書かれているものが多く、ネット上に分散する情報を自分で集める手間がなく、とても学びやすいからです。

本を読んで実際にサンプルプログラムを入力し、プログラミング言語の命令や基本文法を身につけ、また興味のある分野の全体像を学びながら、より深く理解したり知識を広げたりするために、ネットで必要な情報を調べるスタイルが理想と筆者は考えます（図表45-1）。

> 書籍はものごとを体系的に学ぶのにぴったりな教材です。マイペースで学習できる点も、最初の一歩として入りやすいのも長所です

▶ おすすめの独学スタイル 図表45-1

わからないところは
ネットで調べる

書籍で体系的に
学習する

○ 書籍の選び方

書籍で学ぶには、たくさんある本の中から、自分の技量や目的に合ったものを見つけることが大切です。より良い本を手に入れるにも、コンピュータやインターネットを使いこなす力が役に立ちます。具体的な方法を説明します。

まず「python　初心者　わかりやすい本」など、自分が必要と思うキーワードでネット検索し、複数のサイトの情報から何冊かをピックアップします。そしてアマゾンなどの大手の通販サイトで、それらの売れ行きと評価を調べます。

誰かがブログなどに書いている記事が参考になることもありますが、個人の感想を鵜呑みにするのではなく、多くの方が物品を購入するサイトで実際の売れ行きや評価を比較し、どれを買うべきかを考えます。また書店に出向いて実際に本をめくり、自分に合っているかを確認することもおすすめします。

ネット通販で評価を不正に吊り上げる行為が問題になることもありますが、書籍の評価コメントに関しては、不当行為は少ないと思います。筆者の知る限り、十人以上がコメントしているなら参考になる評価が書かれているものです。

インターネットで調べ物をするだけでも、コンピュータを使いこなす力を伸ばすのに役立ちます

● オンラインスクールへのステップアップ

独学で一通りの知識を身につけたら、目標に応じてオンラインスクールの短期講座などで学ぶことを検討すればよいでしょう。独学で先まで行けそうだという方は、もちろんスクールに入る必要はありません。

オンラインスクールで学ぶのにかかる費用は、Lesson 37でお伝えしたように、決して手軽な金額ではありません。優れた学校と劣った学校があるので、スクールに入るなら、どこに入るとよいかをしっかりと判断しましょう。ネットの情報を調べることが基本ですが、有益な情報を得るには、SNSでつながった誰かから情報をもらうなど、いろいろな手段が考え

られます。またSNSだけでなく、リアルにつながった人脈なども生かし、オンラインスクールで学んだ人を見つけて話を聞くことができれば、知りたい情報が手に入るでしょう。

現代社会では個人が利益を得るために、様々な場面でコンピュータやインターネットを使いこなす力が求められることを繰り返しお伝えしますが、社会の高度情報化がさらに進んでも、書店で本を手に取るなどして実際に自分の目で確かめたり、現実世界での人脈を生かしたりすることも忘れてはならないと筆者は考えています。

> ネットの世界とリアルな世界の双方から、役に立つ情報や物を手に入れることが大切ではないでしょうか

ⓘ COLUMN

挑戦することをおそれずに

楽天グループの会長兼社長の三木谷氏は、朝日新聞の取材に「社内公用語を英語にしたことで、日本的な企業風土を打破でき、世界から人材を集めているので、本当に強烈な才能あふれる社員がたくさんいる」「社内公用語を英語にしていなかったら、楽天という会社は終わっていたかもしれない」と語っています[1]。

筆者はかつて、楽天が英語を社内公用語にするという報道を見た時、素晴らしいと感心しました。その考えは今でも変わりませんが、あれから10年が経った今、三木谷氏が取材で語ったことに、少し寂しさを覚えるようになりました。それは、三木谷氏の言葉には、IT産業をリードする経営者や会社から

見て、日本には優秀な人材が不足しているという意味があると思えるようになったからです。

三木谷氏は朝日新聞のインタビューで、挑戦することの大切さを強調しており、日本の技術が世界に後れを取っていることには触れていません。しかし日本を代表するIT企業のトップの言葉の裏にあるものを想像すると、どうしてもそれが我が国のIT化の遅れと結びついてしまうのです。

また日本企業の社長は現状維持を考えてしまうという三木谷氏の言葉に、筆者は積極的なIT化などで会社を変革しようとまでは決断できない経営者を想像してしまいます。

※1：朝日新聞GLOBE＋「【三木谷浩史】英語を社内公用語にしなければ、楽天は終わっていた」(https://globe.asahi.com/article/14262178)

おわりに

読者のみなさま、最後までお読みいただき、ありがとうございました。

本書を世に出すために、ご尽力いただいたインプレス社の今村享嗣様にお礼申し上げます。

本書に載せる情報を正確かつ最新なものにするために、金融保険業界、電機業界、エネルギー業界、航空業界、マスコミなど、各方面の第一線で活躍するビジネスパーソンに話を伺いました。情報提供に協力していただいた筆者の母校、早稲田大学の卒業生のみなさまに感謝いたします。

本の執筆は、けっこうハードな仕事です。私の健康を気づかい、支え、和ませてくれる妻と子どもたちに感謝します。

最後に、学生、社会人の方が、それぞれ身につけておくと素晴らしいと、筆者が考えるスキルをお伝えします。

▶ 学生の方へ

大学や専門学校で教育に携わっている私の経験から、文理問わず学生が身につけるべきこととして、次の3つを挙げます。

- 文書作成や表計算ソフトを使いこなし、パソコンでプレゼン資料などを作れるようになること
- 社会に出る上で必要なマナーを、メールの書き方なども含め、早いうちに身につけること（対面でのマナーも、もちろん大切ですが、現代社会ではネット上のマナーも大切です）
- インターネットから正しい情報を手に入れ、活用できるようになること

　これらの力を生かし、希望する企業や業界に就職することが、学生が最も力を入れるべきことです。

私の経営者としての立場から、社員1人ひとりに情報技術分野でこんなスキルがあれば素晴らしいと考えるものを3つ挙げます。

- ITを用いて社内の仕組みを変え、労働時間短縮や経費削減ができないかを考えることができる
- 社内のパソコンのスペックと購入価格は適切か、法人契約している通信機器やリース機材に無駄がないかなど、ハードウェアについての意見が出せる
- 最新の情報に明るく、例えば海外で広まりつつある新サービスや新製品を上司や周りに紹介できる

「海外で広まりつつある」という言葉を意図的に入れました。社会の仕組みを変革する新技術やサービスの多くが海外で作られ、日本企業がそれを導入する現実があるからです。

IT分野では海外の動向に目を向けると参考になることが多いですが、いずれ日本が情報通信技術分野での後れを取り戻し、日本生まれの優れたハードやサービスが世界に普及し、各国が日本のコンピュータ技術に注目する時代が来ることを切に願っています。

2021年11月　廣瀬 豪

索引

● スタッフリスト

カバー・本文デザイン	米倉英弘（細山田デザイン事務所）
カバー・本文イラスト	東海林巨樹
写真撮影	トータルフォトスタジオ　トマト
写真素材	Adobe Stock、アフロ
本文図版	井上敬子
DTP	柏倉真理子
デザイン制作室	今津幸弘
	鈴木　薫
編集	今村享嗣
編集長	柳沼俊宏

本書のご感想をぜひお寄せください

https://book.impress.co.jp/books/1121101021

「アンケートに答える」をクリックしてアンケートに
ご協力ください。アンケート回答者の中から、抽選
で図書カード（1,000円分）などを毎月プレゼント。
当選者の発表は賞品の発送をもって代えさせてい
ただきます。はじめての方は、「CLUB　Impress」へ
ご登録（無料）いただく必要があります。
※プレゼントの賞品は変更になる場合があります。

アンケート回答、レビュー投稿でプレゼントが当たる！

読者登録
サービス

■商品に関する問い合わせ先

このたびは弊社商品をご購入いただきありがとうございます。本書の内容などに関するお問い合わせは、下記のURLまたはQRコードにある問い合わせフォームからお送りください。

https://book.impress.co.jp/info/

上記フォームがご利用頂けない場合のメールでの問い合わせ先
info@impress.co.jp

※お問い合わせの際は、書名、ISBN、お名前、お電話番号、メールアドレスに加えて、「該当するページ」と「具体的なご質問内容」「お使いの動作環境」を必ずご明記ください。なお、本書の範囲を超えるご質問にはお答えできないのでご了承ください。

● 電話やFAXでのご質問には対応しておりません。また、封書でのお問い合わせは回答までに日数をいただく場合があります。あらかじめご了承ください。
● インプレスブックスの本書情報ページ https://book.impress.co.jp/books/1121101021 では、本書のサポート情報や正誤表・訂正情報などを提供しています。あわせてご確認ください。
● 本書の奥付に記載されている初版発行日から3年が経過した場合、もしくは本書で紹介している製品やサービスについて提供会社によるサポートが終了した場合はご質問にお答えできない場合があります。

■落丁・乱丁本などの問い合わせ先
TEL 03-6837-5016 FAX 03-6837-5023
service@impress.co.jp
（受付時間／10:00～12:00、13:00～17:30土日祝祭日を除く）
※古書店で購入された商品はお取り替えできません。

■書店／販売会社からのご注文窓口
株式会社インプレス 受注センター
TEL 048-449-8040
FAX 048-449-8041

いちばんやさしいプログラミングの教本
人気講師が教えるすべての言語に共通する基礎知識

2021 年 12 月 21 日 初版発行

著　者　　廣瀬 豪

発行人　　小川 亨

編集人　　高橋隆志

発行所　　株式会社インプレス
　　　　　〒 101-0051　東京都千代田区神田神保町一丁目 105 番地
　　　　　ホームページ　https://book.impress.co.jp/

印刷所　　音羽印刷株式会社

本書の利用によって生じる直接的あるいは間接的被害について、著者ならびに弊社では一切の責任を負いかねます。あらかじめご了承ください。

本書は著作権法上の保護を受けています。本書の一部あるいは全部について、株式会社インプレスから文書による許諾を得ずに、いかなる方法においても無断で複写、複製することは禁じられています。

Copyright © 2021 Tsuyoshi Hirose All rights reserved.

ISBN 978-4-295-01305-1 C3055

Printed in Japan